所谓理想的实现，
就是把生活过成自己喜欢的样子

[日] 铃木大拙 著
马超 译

山西出版传媒集团
北岳文艺出版社
BEIYUE LITERATURE & ART PUBLISHING HOUSE
· 太原 ·

图书在版编目（CIP）数据

所谓理想的实现，就是把生活过成自己喜欢的样子 /（日）铃木大拙著；马超译．— 太原：北岳文艺出版社，2019.3

ISBN 978-7-5378-5813-7

Ⅰ．①所… Ⅱ．①铃… ②马… Ⅲ．①成功心理 - 通俗读物 Ⅳ．① B848.4-49

中国版本图书馆 CIP 数据核字（2019）第 003014 号

书名：所谓理想的实现，就是把生活过成自己喜欢的样子

著者：[日] 铃木大拙

译者：马超

策划：刘玉浦

责任编辑：范戈

书籍设计：李彦生

责任印制：巩璠

出版发行：山西出版传媒集团·北岳文艺出版社

地址：山西省太原市并州南路 57 号　　邮编：030012

电话：0351-5628696（发行部）　0351-5628688（总编室）

传真：0351-5628680

网址：http://www.bywy.com　E-mail:bywycbs@163.com

经销商：新华书店

印刷装订：北京市玖仁伟业印刷有限公司

开本：880mm×1230mm　1/32

字数：180 千字　印张：7.25

版次：2019 年 3 月第 1 版　印次：2019 年 3 月北京第 1 次印刷

书号：ISBN 978-7-5378-5813-7

定价：42.00 元

目 录

第一章

别只顾得赶路，却忘记了对这个世界展露笑容

第二章

好的积攒多了，坏的自然进不来

第四章

所谓理想的实现，就是把生活过成自己喜欢的样子

第五章

顺其自然地安排生活，不取悦谁，也不与谁比较

第六章
在坏的际遇里看到好的方向

第七章
世界如此之大，可你却专门盯着
没有阳光的地方看，这难道不是你错了吗？

第八章

接纳一切感受，它们的存在都不是无缘无故的

第一章

别只顾得赶路，却忘记了对这个世界展露笑容

1. 凡是躲不开的，那就正视它

我们的生活又累又苦，但还是要咬牙硬撑下去，对不对？但你为何不自省一下，是只有你一人的生活过得没有滋味吗？很显然，不是！那么，那些将生活过得如诗歌一般的人，他们是如何做到的呢？没有其他原因，只是因为他们过着一种充满自省的生活。

有人向善峰提问："我是个一无所知的人，无法停止自己的疑问，请问这该怎么办？"善峰说："没有谁能够停止生活里的困惑，既然无法停止，那就正视它。"一旦我们发现，学着去正视自己躲不开的事情，那么这些事情也就不会继续困扰我们了。

神光向达摩求学时说："弟子内心还没有安顿，请您帮我安心吧。"达摩便说："把你的心拿来，我才能给你安啊。"我们的心，确实很难安，因为我们常生出许多负面情绪来。但如果我们识

别了这些情绪，就能够安抚它们了。最怕的就是，我们明明心理有许多问题，却一直不敢面对，这就会导致问题一直存在。

弘忍的弟子向他求教：“怎样才能看住自己的心？”弘忍说：“只要守护好它就是了，何必问那么多？”我们在生活中最常见的错误就是，总是喜欢想问题，却缺少直接面对问题的勇气。

有人向慧海提问：“什么样的心，才算是平静的心？”慧海说：“就好比照物体的镜子，不论物体是什么样的，镜子照射物体的功能都不会受到影响。”我们的心，也应该这样。不论外境如何，都不要把心陷落进去，这样才能保持冷静和清醒，也才能够看清楚问题。

吃喝是欲望，要生活得更好也是欲望，欲望有什么可怕的呢？以禅者的眼光来看，欲望是躲不开的，既然躲不开，那就正视它，说不定这样就会减少许多不必要的烦恼。

虽说断除烦恼是个人的事情，但我们也不能对他人的烦恼就袖手旁观。所谓的为社会尽力，并不是要我们都去立下什么丰功伟绩，能够在日常生活中切实地帮助别人，也是很有意义的。

人，应当是有“根”的，但如果人们因为欲望泛滥而把这条根忘掉，就会出现相互之间的迫害、欺诈，于是，人的尊严便丧失了，人与人之间变得冷漠异常。如果说有什么智慧能够让人认清欲望，那么便是禅了。禅能制止那些过多的、泛滥的欲望，而使人保留能够生活下去的正当的欲望。

对生命的追求，这是人性的闪光，是任何人都不能被剥夺走的权利。但是，在求生的过程中，依然可以见到禅的光芒。因为有了这样的光芒，我们才肯忍受屈辱，因为禅告诉过我们，人生总会是“柳暗花明又一村”。禅给求生者以信念，让求生者能够平顺地度过人生中每一个艰难的时刻。

不要以为工作与精神活动就一定没有联系，你看，那些在本职工作上做得出色的人，他们的人格品行和精神境界也绝不会差到哪里。有些人，他们总能意识到工作时也可以提升自己的精神境界，并随时调整心态，保持最佳状态，所以这些人最后不仅成了行业中的佼佼者，而且还成了一个精神世界闪光的人。

那些有名望、有地位的人，他们最后不过化为一捧冷灰。你看，人生不过匆匆百年，在吵闹不休的世界里平静淡然地生活，这才是真实的幸福。

“生活着”与“真正的生活”，这是截然不同的两回事。浑浑噩噩的也是活着，但没有活出任何质量来，活得也不明不白。而真正的生活，却是感受到山川草木的存在，活得不那么麻木而且能够看得到生活中的点滴乐趣。

有些人认为，生活的主要意义就是赚钱谋生。诚然，这个想法也不能说是完全错误，但如果我们只是抱着这样的态度去生活，那么我们又如何能有生活的热情呢？禅家认为，真正的生活，乃是有一种昂扬向上的欲望，这种欲望是一种创造性的力量。

一个忽视了自然界生命的人，他多半也会忽略了自己的自由，不珍惜自己的自由。一个不懂得区别哪些是合理正当的欲望的人，他肯定也不太懂得什么叫作尊重本心去生活。这便是从禅的思维里得出来的启示。

一颗没有爱的心，是绝对不会爱护他人的，一颗将所有欲望都一概排斥在外的心，绝对会枯萎干涸的。没有欲望的人，并非因为他高尚，而是因为他有一颗僵死的心。

在欣赏鲜花的时候，如果一朵不起眼的小花也能使你感受到大自然的美好，感受到花的灵气，那么它的存在便是有意义的，是真实的，否则，那便是虚幻的。正如同，当一种欲望催促我们向前行走，催促我们把生活变得更美好，那么它就是有价值的。

敢于正视自己的欲望，才能在各种欲望中做出区分，这类人，他们的心头总会有些善意存在，因而他们可爱又真实，是值得我们亲近的人。反之，如果有人不敢承认自己的真实想法，那么他的心中常会出现损人利己的盘算，这类人，还是尽早远离比较好。

所谓智者，理应把自己有限的精力放在提高自己的精神境界上。而有些人却到处搜罗别人的事情，然后还要把自己的生活与他人的生活加以比较，这种做法实在是可笑、愚蠢又令人叹息啊。

生活需要一颗灵活敏感的心，但总有人说，太过敏感的人便会生出许多苦恼来。但从禅的观点来看，人的苦恼乃是因为执着所生，而那些心性敏锐却又善于调整欲望的人，是极少会陷入苦恼的漩涡之中的。

可能你们觉得生活太操心，太琐碎，也太烦闷了。但是，操心也是一种乐趣呢，如果你只是看到因为操心带来的烦恼，那么你的生活中必定处处是烦恼；但如果，你感受到了操心之后带来的充实感和愉悦感，那么你会觉得这种操心的生活真不错呢！

当你看到世上那么多可爱而又无辜的生命遭受痛苦，你心底那慈悲的泉水就会奔涌出来。在禅的世界里，一切生命皆是平等而无高下之分的。

2. 别只顾得赶路，却忘记了对这个世界展露笑容

师兄云游四方时来到了师弟所在的禅堂，可是师弟已不如以往那般精进，师兄便劝他要努力精进，才算不辜负一世的光阴。可师弟完全听不进去，因为他的内心，完全被过去的成就给塞满了。如果我们不及时地清理掉过去的荣耀，总有一天，我们也会远离初心的。

慧能说，我们的心，不要被外境所牵绊。其实是在说，我们不应该被外境给干扰了，因为我们的心志容易动摇，很容易就会背弃了最初的信念从而把自己带入了歧途。

黄檗希运禅师经常讲说无心的妙处，一个人听不懂，就专程前

来向他请教。希运说："若是无心，过往的事情便不会成为我们生命中的困扰了，我们前行时，也就不会特别吃力了。"人，往往是在多心多劳之后能明白无心无忧的好。

一个和尚问首山："虚空的意义是什么？"首山说："虚空的意义就在于，它警示我们过去的、现在的、未来的，都会成为生命中的过往，根本不值得留恋。"这个和尚又说："那么，如果我们死抓住过往不放呢？"首山站起来说："手上端着热水，你怕烫吗？如果死抓住过往，就好比端着热水会被烫一样。"

首山禅师的一个弟子说："很长时间以来，弟子都活在沉迷之中，恳请您能给我指出方向。"首山说："我怎么有这个闲工夫？"这个弟子很不满意，但首山说得没错啊，每个人都应该自己来解决生命中的问题，而不能完全地指望着别人。这个，就是一种承担。

现代人最大的弊病就是太过于以自我为中心了，一旦他人不能满足自己，便怨恨丛生。禅认为，人是可以自己满足自己的，比如心性的光明与宁静，对生命的创造，对生活的热情，这些都不是别人能够赐予自己的。

有人抱怨说目前做的工作太辛苦，而且也不是自己喜欢的，因此很苦恼。但如果你不马上做出决定的话你将会更加苦恼，并且持续地苦恼下去。禅认为，要么与苦恼的成因握手言和，要么就果断地抽身离去。虽然我们不可能对自己的人生完全掌握，但在必要的时候，还是可以选择当一次主人翁的。

生与死是根本无法分离的，正是因为它们那连续不断的活动才构成生命的每一个瞬间，如此看来，生命真正的价值就在每一个瞬间，由此可见，在每一个瞬间，我们都应该遵从本心去生活。选择真正喜欢的事情，喜欢真正喜欢的人，遇到麻烦的人和事不必烦恼，因为快乐总会过去，所以我们千万要珍惜；因为烦恼也会过去，所以我们不必为此着急。

许多人都在追求“永生”，这可真是荒唐得很，在生命的每一个当下你都获得不快乐，你要永生，那岂不是要一直都不快乐下去吗？

当身陷困境时，人们想的不是如何自救，而是如何逃避。逃避不过是自欺欺人罢了，禅告诉我们，人是需要有所担当的。在困境之中，往往最能看出一个人是否和禅相契合，那些于困境中从容应对的人，无论他以后过着怎样的生活，都不会过得太差，因为他有一颗禅心，能够在困境中制造希望，从而走出困境。

禅从不教人逃避，它告诉人们，要以一种肯定的方法来获得“正觉”。比如，你能觉察到痛苦的真实来源并且尝试着化解痛苦，而不是等待别人把你从苦海中拉出来，这就是一种正觉，是一种自立自强的正觉。

一边工作，一边修行，同样是可以获得心灵安宁的。既然禅是不离生活的，那么工作中同样有禅。但人们只是看到工作中烦恼的一面，却没有看到工作给自己带来的乐趣和成长。以禅的眼光来看，看待任何事物、问题都要全面去看，如果你只是把目光集中在烦恼、琐碎上，那么你过得不快乐，这又能怨谁呢？

我们苦恼的原因自然是千差万别的，但有一点却是共通的：把自己幸福与否的决定权交给别人。你有一桩不幸福的婚姻，你希望伴侣能改变这种状况；你有一份薪资很低又很劳累的工作，你希望老板帮你改变你的生活。那么，我很想知道，你为自己的幸福生活，做了什么决定呢？如果什么都没做，那么你的那些抱怨又是从何而来的呢？

痛苦和烦恼的经验，就是厌世思想的根本原因。可是，结束生命就一定会终结痛苦吗？在临死的时候，人的痛苦经验要比往日更强烈。正是因为有了痛苦，我们才会想到如何灭除痛苦。就好比，我们只有在生病时，才会开始关心身体健康，生病反而促成了我们对健康的守护。痛苦是可以转化的，你不妨试试去看痛苦背后的东西。

我们大多数的烦恼是怎么来的呢？是因为我们把好坏完全地对立起来，并想舍弃坏的那一方面。我们盲目地妄想抛弃自己不想要的那一方，而从来没有想过超越。这好比我们痛恨别离，却没有看到别离背后隐藏着的是新的际遇。什么时候我们学会了全面地看问题，什么时候，我们的烦恼才会少一些。

有人说，自己喜欢的人偏要分离，自己憎恶的人偏要遇见，这真是一桩烦恼的事。可是，你要知道，人生际遇并不会按照你自己的好恶喜厌而进行，所以，就不要在烦恼之上再添烦恼了，试着发现你憎恶的人身上也有美好的一面，这个才是正道。

过于强调精神，那么就很容易导致个人主义；过于强调物质，那么就易于陷入享乐主义。最好就是将精神和物质融合起来，不使两者有任何偏废。禅告诉我们，世界上是不存在对立的，所谓对立，不过是观念上的偏颇罢了。

让自己喜欢的，就要一直相守；让自己憎恶的，就一定不要遇见；使自己高兴的事情，就要天天发生；使自己痛苦的事情，最好永远不要出现。这不过是愚人的美梦罢了，有智慧的人应该丢弃这样的偏见。

人们总说，戴着面具做人才最安全。但这样无非是让自己生活在虚假和疲累中，从而和最初的自己越来越远，乃至忘记了自己的初心。在禅的世界里，唯有真实的，才是最宝贵的。一个人若不敢做真实的自己，那么便是对生命的浪费。

在很多时候，从自身立场出发而不可理解的事情，却能在换位思考之后得到理解。这就说明，我们在生活中不要把目光局限在自己身上，要学会打开视野、打开心胸去看待事情。禅的世界里没有局限，只有包容。

如果你连自己的脾气、毛病、缺点、错误都无法改变，你又何谈改变命运、改变他人呢？如果你真的认为，要把所有的毛病、缺点都改掉很困难，那也不必觉得羞愧，对于大多数人来说，不可能马上就改掉所有毛病，你只要谦卑些，但又保有尊严，那么你还是会得到人们的喜爱的。

闲暇时，我喜欢看窗外的树木，看它们那样无忧无虑地生长，我便感觉能够和它们共同生活在这地球上，真的是一种快乐。如果你也能像我这样去看待身边的一草一木、一花一鸟，甚至是每一个人，那么你的心中便不会有那么多狭隘而偏颇的想法了。

我家的庭院里有一个池塘，里面有游鱼数尾。每当我看着它们在水面上跳跃时，我都会感受到生命的活力，我会感叹："啊！生活真美好啊！"你们看，当我们把目光投放到身边的那些看似不起眼的事情时，也能从中感受到快乐。可见，快乐是常在的，只是我们缺少一颗审视快乐的心。

禅与生命是一种自然而然的融合，你带着功利心和目的性去寻找它，那是不会找到的。当你和友人举杯闲聊时，当你与伴侣甜蜜相对时，哪怕当你为了改变生活而操劳时，你都能感觉得到体内有一股流动的能量，这个，便唤作禅。

如果连眼下的生活都没有规划好，那么谈论什么"最高理想""至高的精神"，便都是徒然的。哪怕未来被你描绘得再好，那也不过是未来的图景，就好比水中月、镜中花一样。

在东京的街头，我发现有很多人在急匆匆地赶路，或者说，他们是在跑着走路。他们的表情，麻木，冷漠又僵硬，很明显，他们是很难发现生活中的诸多快乐的，因为他们活得太匆忙了。他们甚至没有发现，只要抬起头，就能看到温暖的阳光。在很多时候，我们就是这样，只顾得赶路，却忘记了对这个世界露出笑容。

世上的很多人，都称不得是"坏人"，如果我们肯摘下自己的有色眼镜，放下自己的偏见去看待身边人的话，我们会发现，世间的人，还是可爱者甚多。

在很多时候，并不是别人在折磨我们自己，而是我们用自己的价值观去评判对方的是非、对错，是我们在折磨自己。

3. 放空心念，你要的岁月都会给你

天越来越冷了，这天一个路人经过村口时发现一个老者用水瓢从水缸里往外舀水。他问：“您这是忙什么呢？”老者说：“天气冷了，水容易结冰，如果水在缸里装得太满，就会把水缸撑破，所以我要舀出一些水来。”当我们的内心被各种念头充斥、挤塞着，我们的心也会难受的，所以，要找个适当的时间放空心念。

一个小和尚跑去问师父，他说自己不开心了，想知道怎么才能开心起来。他的师父听后笑了：“把不开心的放下，剩下的不就是开心的了吗？”小和尚听后也笑了起来。我们无法选择遇见什么人，也无法选择生活中的经历，但我们可以选择记住什么、遗忘什么。

云岩烧水煮茶时，道吾问他：“煮茶给谁喝呢？”云岩说：“煮茶自然是因为有人需要喝茶。”道吾又说：“那为什么不让他自己来煮？”云岩说：“这不是还有我在嘛。”其实他们俩的对话说的无非就是这样一个道理：要想得到什么，就要先做什么，不假手以人，才能真正地独立自主。

客观存在和现实生活，实际上是没有高下优劣之分的，这种分别，乃是从攀比之中产生的，又因为攀比，人们才有了高傲或卑下的心理。

知识和技术虽然对于个人、社会来说很重要，但如果我们只是追求这些而忽略掉其他的，那么我们的生活依然会陷入一片黯淡之中，比如，我们忽略了和平、光明和自心的调整修习，而徒有知识技术，我们一样找不到生命的乐趣和生活的意义。

其他人的生活其实可以成为映照我们内心世界的一面镜子。通过这面镜子，我们可以看到生活里的苦和乐，也可以看到我们对生活的要求。从这个角度来说，我们评判什么，就说明内心畏惧什么。但如果只是不带主观色彩地去观察别人的生活，那么便相当于是对这个世界更多了一些了解，也就相当于是充实、丰富了自己的生命。

失去人生的方向，这从来就不是什么稀罕事儿。且看那些每天都给自己制订计划，却又一个计划都没有完成的人，你就能知道，没有方向感的人生将是多么虚无。

在人生步入低谷时，我们总觉得自己走投无路，山穷水尽，认为人生注定是霉运相伴，幸福无望了。可是你有没有想过，正是因为自己过于纠结外境的好坏，因此才错过了人生中的精彩呢？正因为关注点投错了方向，所以才觉得自己生活不幸福。可见，心不被外境所迷乱，是一件多么不容易的事。

能够安安静静地坐着，或欣赏窗外风景，或聆听大自然的妙音，沉浸在自由无牵绊的内心世界里，这对都市人来说，是一种多么难得的享受啊！当越来越多的人把纵酒高歌、任性胡为当作自由的标志时，他们的内心反而是离自由是最远的。而那种安宁平和的心境，才最接近幸福的体验。

在生活中，当我们真正有所发现时，往往在退一步之后。比如，在处理人际关系上的问题时，如果我们从这段关系中跳脱出来，以局外人的角度去看待，反而更易看清楚关系中存在的问题。从禅的智慧来说，退步即是向前，保持距离才能有所靠近。

与其追求物质生活的安逸，倒不如让内心变得无忧无虑。然而，要做到这一点首先就要内心无所畏惧。以禅的眼光来看，内心无所畏惧，必然要无所执着，而不执着，说破了无非就是明白了一切事物、一切存在和关系都有始有终，我们既然无法控制它们什么时候消失，那就趁它们还在时，好好地珍惜，好好地感受，便足矣了。

大部分人都想求个安稳生活，这个倒也容易，你一心地生活，不要左顾右盼，不要心猿意马，不要让自己的心时刻被欲望牵着走，那么你的生活就是安定快乐的。

那些低调、谦卑，不喜欢张扬、不喜欢炫耀的人，往往最有智慧，办事也比较靠谱，这类人是我们应当亲近的对象。但最关键的还在于，我们应该成为这样的人。多亲近生命境界高的人，这并不是人生目的，而是使自己不断进步的一种途径。

越是在现代社会，越应该有一些行脚僧的精神。这种精神就是，将自己的心融入自然中，融入眼前的一切事物中。这种精神肯定的是一种专注，肯定的也是一种珍惜当下时光的人生态度。比如在我们工作时，把心的活动投注在工作中，这个过程就不再那么枯燥，而是多了创造的趣味性。当我们以这种精神来安排生活，那么我们的生活也就不再是死水一潭，而是一股流动的清泉。

有知识而无智慧的人在这个社会真是越来越多了，也许他们能凭借自己的能力获得高收入，得到高职位，但他们却因为找不到排解烦恼的方法而得不到快乐，他们的人生处处都被捆绑着，被束缚着。但更可怕的却是，竟然还有更多的人，以这种人作为自己的奋斗目标！

眼见着身边喜欢出门旅行的人越来越多，但大家真的能享受旅行的快乐吗？我看未必！

旅行不仅仅是见识途中的美景和趣事，更是要经受各种各样的考验。人生的旅途也是如此，没有风险又怎么能成为人生？

4. 放下不切实际的期待，它们会让你寸步难行

仙崖禅师发现自己的一个弟子经常趁着夜色翻出院墙出去闲逛，某一天晚上，这个弟子正要翻墙出去，却被仙崖禅师逮个正着。弟子惶恐至极，仙崖禅师却很宽和地原谅了他。禅师说，他对

每一个人都抱有期待，却不过分期待，但这个弟子日后却十分勤奋。你看，如果我们在生活中也不做过分的期待，或许我们的生活将会呈现出不一样的面貌呢。

真正的安定一心，是不思考是、非、善、恶，是不去计较，也没什么执念。为什么我们总是不能安定一心？因为我们想法很多，但每一种想法对现实人生都没有什么意义，不过是胡思乱想，平添烦恼而已。

昔日曾有人向禅师求教："怎么才能轻松自如地生活？"禅师想了想，就说："这个问题实在难以回答，我看还是不要说了吧。"为什么呢？每一个人的生活，原本就是要经历各种大事小情的，如果说要过着轻松自如的生活，那么这便是一种奢望，因为我们不可能不遇到障碍。抱着这样不合理的期盼，生活如何能轻松呢？

几个僧人聚在一起闲谈时，其中的一个说，他的抱负就是要尽快地获得觉悟。其他人一听，便觉得他很有志气。这时他们的师父说："我看你未必能够得到至高无上的觉悟。"这个僧人当下就生气了。你们看，往往是嘴巴上说得最厉害的人，在实践上最是差劲。嘴上的期待不合实际，势必会影响到我们的现实生活。

如果你的心是鲜活的，那么你一定能够倾听得到春、夏、秋、冬的生命节奏。在禅的世界里，保有敏锐的生命活力，那是一种福气。

人的苦痛，很大一部分源于不切实际的期待。你不会写诗，却偏偏想成为诗人；你不去学习，却偏偏期待着成为优等生。不切实际的期待，会让人寸步难行，因为你只是活在期待中，却没有踏实地付诸行动。

人，往往就是在一念间从天堂堕落到地狱的。这一念间，如果我们的善念多于恶念，那么我们体验到的就是生命的美好。可是，这种看似短暂的善念，也是需要时间去积累的。

永远不要期待着不被别人嘲笑，永远不要期待着被所有人赞扬。因为这本身就是不可能发生的事情。面对他人的嘲笑，不同的人自然有不同的看法。有些人难以适应，但有些人偏就能从容接受。因为，真正的强者能够把别人的嘲笑当作促进自己成长的动力，却不会在嘲笑中失去自己前进的方向。因为他们不活在期待中，自然也就不会有所失望。

我发现人们往往是厚死者而薄生者，但生命的意义不应当更多地放在活着的时候吗？如果你今天活得没意思，那么死后即便是葬礼办得再怎么隆重，那也不过是给别人看的，与你就没有什么关系了。

每一个人，他都有着向善的义务。如果你看到有孩子虐待小动物而不劝阻，仅仅把这当作是孩子的游戏，那么便是对生命的不尊重。在禅的世界里，一切生命都有其存在的道理，哪怕弱小卑微如蚂蚁，也是如此。

生活的趣味，源自对生命的热爱，诸如那些追着拼命逃跑的小动物身后竭力打杀的行为，依我看来除了残忍便没有什么乐趣。但如果把打杀变为保护和救助，生活便顿时充满了意义。因为在对弱小生命的欺凌中，人的残暴本性暴露无遗，而只有当人的心中充满了善意，才距离禅境最近，距离残暴最远。

禅不应该仅仅成为慰藉心灵的麻醉剂，而应该真正地成为促使人们慈悲、向善、博爱的动力。比如，当我们看到旁人有危险时，我们就能想到他人将要承受的痛苦；或者，看到别人身处困难之中，我们能够对这困难感同身受，这样，自然就会生起向善慈悲的心。有了这样的心，你才能成为受世人喜爱的那一类人，而你自己也会活得更加坦然。

古时候有位月船禅师，他在被人误解、嘲讽之后却依旧能够保持自己的清净喜悦之心，因为他时刻都活在禅悦中，他是个真正自在的人，因此，他从不计较世人的毁誉，反而把这些看作是磨炼自己心性的“试金石”。现代人如果能有他这种气魄，何愁自己的事业不成就呢?

常有人说，自己太忙了，想静都静不下来，所以，应该先忙完手里的事情，然后自然就会平定下来了。我说，其实你本末倒置了，如果你先让身心平静下来，那么你就不会那么忙碌了。用忙碌做借口，是因为你还没有受够忙碌的苦，当你受够了，自然会去追问让心静下来的法子。

虽说每个人都有各自独特的经历和感受，有着不可复制的生命体验，但如果大家只是将自己封锁起来，不去与人交流，那么自己的生命体验也会越来越苍白。禅告诉我们，要不带评判地去看待他人的经历、感受，因为这样，实际上是在充实自己的生命。

禅，不是衡量是非的标准，它只是告诉我们：不要抱着一颗是非心，永远活在是非中，这样生活，那可太累了！

如果你只是盲目地追随他人的生命感受，那么自己就会变成毫无生命力的海绵，你始终在吸收他人的经验和感受，却不曾活出自己的感觉，这对于生命也是无益的。

只要人们献出爱就终究会有所收获。我们总感觉有很多的不如意，其实那是因为我们贪求得太多而造成的。你关爱别人，别人就会关爱你；你用心对待别人，别人也不会对你太差。真正的善意带来的幸福，总是在付出之后才能感受到的。

许多人追求的是一种看似完美的生活，但从禅的角度来看，所谓的完美不过是徒然地给生命带来不必要的负重罢了。生命正是因为有了某些残缺才显得更加动人。你想想看，如果你想要什么，就能拥有什么，那么你还能品尝得到奋斗过程的乐趣吗？

当我们对别人充满善意时，其实这种善意也会回馈到自己身上。怀有慈爱之心的人，总能无悔地活着。

古时候有句话叫“知错能改，善莫大焉”。在生活中，没有谁能够不犯错，但有时候我们对别人的错误选择宽恕，是会收到意想不到的效果的。禅认为，世上没有罪恶的心灵，而只有不开悟的人，所以，我们要做的是感化，而不是训诫。所以，适当地宽恕别人，耐心地帮助别人，这是很智慧的做法啊！

如果不扫除无明的黑云，那么我们的心将永远没有和平与安宁了。而这无明的黑云中最显眼的一朵就叫“求不得是苦”。为名利，为金钱，为了各种欲望，我们一直都在“求”，但自己的欲望永远都填不满，于是就会痛苦丛生。要根治它也好办，心头常有“感恩”和“知足”就会有喜悦相伴。

5. 人生最美丽的刹那
是从受过苦的地方绽放

一个学僧对他师父诉苦，说自己无法理解禅对生活有什么启示和意义。他的师父首山禅师就说：“要走便走，要坐就坐。”然而学僧并不明白师父说的是什么意思。其实，首山禅师的话再明白不过了：禅带给我们的体验是自由自在的，不必做什么思虑，能找到自在无碍的感觉就可以了。

在一个寒冬的清晨，两个禅僧看着将要落雪的天空，一个说：“真是冷，怎样才能不冷呢？”另一个说：“等春天到来就可以了。”寒冬总会过去的，人生最美丽的刹那也是从受过苦的地方绽放。

有个年轻人专程来到一个智者那里，他希望智者能给自己一些启示。可智者却很不高兴，他说：“我背痛得厉害。”年轻人就说：“看来，人衰老之后各种痛苦就会伴随而来。”智者笑了：“人生中的痛苦，是不分年龄的。但是，在细微之处，你仍可以发现生命的美好。”

曾经有人问我：“在工作、生活中发现了让自己真正欢喜的事物，那是一种什么样的感觉？”我回答：“这就好比洞见了禅的光明，我的整个身心都充满了能量，我觉得我要赶快跑起来，因为我已经找到了一种创造的感觉。”

面对这个五光十色的世界，我只是感到阵阵怀疑，东西这么多，但我们真正需要的却很少，可为何人们还是觉得不满足呢？原来他们生活在一个叫作“攀比”的世界中啊。

我们的心已经被扭曲了，因为我们想要的只是结果，而不是过程；我们想要的只是物质享乐，而却要忽略为获得物质而付出的辛劳。我们最大的错误就是把生活当作了一桩交易。在禅的世界里，生活是用来创造、用来感受的，而我们却把它当作了做买卖的市场。

谁才是我们人生的主人？很显然，是我们自己。不论幸福或者不幸，自己的人生都应该交由自己把握，但很多人的愚蠢之处就在于，把自己的人生交给了所谓的神灵。

人是从自然中走出来的，人也应该在自然中生活，真正要放松身心的话，那就来到大自然之中，鸟鸣、花香和溪流，这些都不必花钱，但它们却能告诉我们，什么才是真正的生活。

人生中本来就充满了相互冲突、相互厮杀，禅从来也不否认这些，禅认为，只有先承认这些的存在，然后才能找到解决的办法。

人有烦恼很正常，去化解烦恼就好，没有必要因为生活中有烦恼就不要生活了。

人，一旦生出了傲慢的心理，那么原本应有的人之为人的尊贵就会沦为成自卑。这种自卑的意识使自己看不到其他人的光芒，也使自己永远地生活在他人的眼色和评断之中。若要真正不卑不亢地生活，那就要先认清自己，对此，你不妨这样想：我和别人没有什么根本不同，但如果没有他人的帮助，我也将一事无成。永远不要把自己和他人对立起来，那么傲慢和自卑就将离你而去。

一个弟子问："什么才是人的本来面目？"师父说："且看顾好你的心。"弟子正沉思时，师父忽然大喝一声，弟子惊得浑身一颤。师父笑了："这就是你的本来面目。"在很多时候，我们都裹在伪装之后，只有在某些瞬间，我们才能展露出自己的真实面孔。这样的时刻越多，我们才能活得越轻松快乐。

6. 你怀有的善意慈悲，总会反馈到自己的身上

最好的人生，应该是既能面对幸福，也能直面痛苦，这样活着，才没有危险。只要幸福不要痛苦，怎么说来都是很愚痴的念头。

事实上，对于弱者的同情和可怜，这并不能称为“慈悲”，真正的慈悲是以智慧为基础的。比如，你看到乞丐很可怜，你给了他一块钱，但这对他的生命并没有什么明显改观。如果你在施舍的同时，给他一句鼓励、一个笑容，甚至能够给他某种技能，这才是真正慈悲的表现。

对于人生，其实没必要轻易地下结论。可能在某一个时期，你确实没有什么收获，或者失去了很多，就这一个时期来看，你觉得自己是个失败者。但从禅的角度来看，这不过是生命的过去时态，你难道不应该告诉自己，“没关系，我还有未来”吗？

我们总是为了一些永远没有正确答案的问题而大伤脑筋，比如是物质重要，还是精神重要，但可悲的是，从来没人发觉自己很愚蠢，哪怕是因为这些毫无意义的问题而错失了生活的美好风景，也不会有所愧悔。

能够有一份养活自己的工作，我们就应该感恩、珍惜了。在经济滑坡的那段时间里，多少人都在因为生活问题而焦急不安。所以，当你在职场上遇到了烦恼，可千万不要只是盯着烦恼不放，如果没了工作，你的烦恼恐怕只会更多。

生活是需要确立一个目标的，只有这样，我们才会在生活中锐意进取，在受挫时依然前进。只是生活目标的确立，必然要切合实际，任何脱离实际的目标都无异于是空想而已。所以我认为，真正的慈悲就是：当你搭建起空中楼阁时，有人能毫不留情地拆穿，并且点醒你。对于这种人，我一向将其尊为良师益友。

生活就是个道场，它承载着我们的欢欣，也施加给我们痛苦。但禅者看来，痛苦与欢欣并不是截然对立的。比如，你失去了恋人，这是件痛苦的事，可如果你运用禅的智慧来思考，便能觉知，失去旧的便等于迎来新的，生命总是在不断成长，所以，失去的那个必然已经不再适合自己了。如此去想，痛苦的经验便成了身心成长的阶梯。

人们盲目地征服自然，却连自己的习气和毛病都征服不了。人们盲目地相信自己，结果造成了种种自然灾害。虽然肯定人们的自我能力，但人也要认识到自我能力也有不足的时候。如果我们想到的是与自然和谐相处，就不会生出征服自然的心，这就好比，我们想到的是征服自身的习气毛病，那么我们每一天便都活在进步之中。

从世俗角度来看，人际关系问题确实很麻烦，但从禅的角度来说，世上的人不过是同质吸引的，好人遇好人，恶人碰恶人。任何一个出现在我们生活里的人，都会带给我们一些收获，只不过有些收获呈现出来的是不愉快和痛苦。但如果你在不愉快的背后看到对自我成长有益的部分，那么你便是如禅者一般地认清了人际关系的复杂性。于是，你便不会盲目地责备他人，而是满怀慈悲地对待别人，即便别人给你带来了刁难。

世间事物都有各自的内因、外缘，没有哪个人能够独立于社会、独立于他人而存在、生活的。从这个角度来说，我们就不会觉得自己与他人处于一种无聊的关系中。如果，你能把他人纳入自己的生命轨迹中，并认识到自己与他人是一种相互依存的关系，那么你就能保持一种慈悲、谦虚的姿态，此时，善缘就会大大出现。

智慧的人时时都有一种“自己是过客”的感觉，他会觉得，没有什么事情是非自己不可的，也没有什么东西，是自己能够永久占有的。当有了这样的心理准备，你才能在生活中保持着身心的弹性，从而过得自由洒脱。

当我们缺少慈悲心时，就会因他人的一点伤害而痛不欲生，我们在烦恼的火焰里承受着煎熬，却忘记了人与人之间原本是可以敞开心扉来对话的。唯有那些从禅的角度看待人际关系问题的人，才会意识到这些问题，他们能够真正做到心怀慈悲地与人交往。

猫如果进入狗的世界，那么它便会困惑；鱼儿如果遇到牛和马，那么它就会觉得陷入了险境。不同世界的生命必然有不同的体验、感受和认知，你又为何要期待别人都理解你呢？人与人之间保持着一点儿距离，反而更有助于维系人际的关系。

嫉妒、吝啬等品性在人性中是根深蒂固的存在，要想一下子将它们清理干净，这并不合乎常理，一般人也做不到。但是，从禅的智慧来看，嫉妒、吝啬这些不良品性，无非是人被自身的目光局限住而已。如果能像一个禅者那样看待他人与自己的关系，就会意识到人并不是孤立的存在，你怀有的善意慈悲，总会反馈到自己的身上。

人不能离开大地而生存，同样的，人也不能丢开慈悲心来生活。离开了大地，人便无从着落；丢失了慈悲心，人便终日生活在暴戾和纷争中。我想，这样的人生，是最没意义的。

在生活中，你总是要做出一些牺牲，但这些牺牲却又会在以后的人生中以其他形式回报到自己身上。可遗憾的是，绝大多数人只是看到了自己的牺牲，却忽略了善意总会收到回报。于是，愤懑和抱怨不断，于是，原本应该平静的生活都被自己搅扰得一片不安。

自然而然的心境才能创造出自然而然的生活，不带偏执、不去攀比的生活才能让我们最大限度地感受生命的美好。当我们有了这样的心境，又创造出如此这般的生活，我们便能够学会在任何问题面前都保持着清醒和平静，一切问题才能迎刃而解。

在现代社会里讲求一颗慈悲心，这并不是老生常谈，或者俗不可耐，而是非常符合实际需要的一件事！有了慈悲心，你才能在职场上不被那些坏情绪干扰，你在家庭生活中才会带着饱满愉悦的心情为家人操劳。你以为慈悲心不过是嘴上说说便罢了，但你且去看看那些真正有慈悲心的人便可知道，他们真的是生活在平和与喜悦之中。

一旦人们站在狭隘、偏执的立场上，就会感觉生命中是非无穷，祸福无尽，内心的焦虑越来越深，生命变得黯淡无光彩。其实并非是这个世界充满了是非，而是人们的心头充满了是非。

虽然科学技术也能在某种程度上实现人的“自由”，但如果心灵世界不得自由，还存在着种种羁绊，那么科学技术所带来的自由也不过是昙花一现。真正的阻碍，永远在于内心。所以，即便再怎么忙碌，也要给自己留点时间，去“观”心啊。

经常有一些年轻学人向一位老僧提问，请教一些人生哲理，老僧最后说：“只要你们抛弃那颗依赖心，自己去寻找答案，那么，生命才能真正地属于你们。”他的弟子说：“为何师父不从一开始就拒绝回答这些人的提问呢？”老僧说：“我不忍。”这是个既智慧又慈悲的人，而我们的生活中缺少的就是这类人。

一个僧人请教他的老师：“为何人的心量会有大小的分别？”禅师说：“你先在心里造一堵城墙，然后再造一根汗毛。”弟子说他造好了。禅师便说：“不论是在内心造城墙还是造汗毛，用的都是你自己的心，可见，你的心真是可大可小呢。”这是说明，我们的心量大小完全是可以由自己控制的，并不是靠着别人来达到。

7. 感到迷茫，只是因为你太懒

有人对景岑禅师说：“我现在活得很迷茫，恳请您来帮帮我。”景岑禅师说：“如果你该睡觉的时候睡觉，该吃饭的时候吃饭，就不会迷茫了。”这个人他表示不懂。景岑禅师无奈地说：“夏季，要找阴凉的地方休息；冬天，要坐在暖和的火炉旁。”在什么时候，做相应的事，人生就不会有那么多的迷茫了。

药山惟俨静坐时，一个弟子跑来问：“您这是在做什么呢？您又是在想什么呢？”药山惟俨说：“我在做我应该做的，想我应该想的。”这个弟子并没有领会老师的意思，只得带着很迷茫的眼神走开了。当你总是关注别人的时候，就会顾不得自己的生活，你说你不迷茫，谁迷茫？

一个年轻人来找惟俨禅师，他说：“我对自己人生的意义完全摸索不到，恳请您能指导我。”惟俨说：“我并不能帮助你什么。每个人的人生，只有他自己才能把握。”如果我们不了解这个道理，我们很容易就会四处找名师来指导自己。可是，名师能够给予的只是理论，人生的实践艺术，还得靠自己来探索。

师兄弟两人外出参访，师弟问：“路在何方？”师兄说：“路在脚下。”师弟又问：“道又在哪里？”师兄回答：“还是在脚下。”师弟抱怨：“我看不到。”师兄劝他：“看好你脚下就好。”人生的路很长，但我们也得一步步地走完，这个过程中，我们不能事事都求别人，所以，还是看好自己脚下的路吧。

一般的人，他们的内心总是不坚定的，很轻易地就会被外境的变化所左右，始终都是外境的奴隶而不是自心的主人。他们活得那么迷茫又困惑，经常被困住却又无计可施。如果他们能从禅观中去观察这人生，观察这外境，那么很轻易地就会发现：一旦内心坚定如磐石，那么任何外境的风吹草动都不会使自己有所动摇。

如果你只是热衷于金钱、名利、地位的角逐，而不懂得欣赏生命的美，那么你的内心就不会得到平衡，而是一直在羡慕、妒忌、犹豫等情绪中度过。你的日子没有一天是安静的，你的心也没有一天是安稳的，就好比波涛中颠簸的小船，随时会淹没在欲望的海洋中。

所以，人是需要在心灵深处安放一个什么来作为中心、作为支撑的。有了这个支撑，心就不会迷失方向，有了这个支撑，心和身就都是自由的，就不会随波逐流。

我们只有找到生命的意义，这个世界的主人才能成为我们自己，若不然，世界便成了束缚我们的牢笼。那么生命的意义究竟是什么呢？虽然每个人都有各自的答案，但最后的落脚点必然是慈悲众生，因为个体只有融入众生的海洋中，才有其存在的意义。当然，禅是肯定个体价值的，但这并不说明，个体就一定要脱离众生才能显出其价值。

在名与利之外，人生还有更重要的价值，那便是不断提升自己的生命层次。名利固然重要，它们是人生前进的动力，而且名利并不是什么坏东西。名利如果应用得当，一样可以拿去帮助别人，而不会成为生命的负重。用名利来服务他人，这就需要有清醒的意识，要知道名利不过是幻影，是转瞬即逝的，而善意才是真的对未来的生命起重要作用的。

如果与人类的历史相比的话，我们的生命实在是太短暂了。所以，我们在这短短几十年间就应该尽情地品尝生命的乐趣，如果你怀着这样的想法去生活，那么你的日子就是一首诗、一幅画，你在举手投足中都能感受到生活的乐趣和意义。

对于如何生活、如何安排自己的时间，每个人都有自己的观点，没有谁愿意别人对自己完全否定，所以，我们不该对他人的观点完全否定，而是要耐心地、不带偏见地去观察；同时，我们也不要期待所有人都能同意自己的观点，毕竟并不是所有的人都足够懂自己。禅告诉我们，要用全面的观点去看待事物，并且，多去关注事物美好的一面。

人的价值和意义就在于认识自己、降伏自己，并且既能度化自己还能度化别人。除此之外，不论你有多少钱，你的地位有多么高，这都是不值得一提的。

生活中，我们不要对他人给予的伤害斤斤计较，我们要多多地看到他人对自己的那些帮助。有些人，专门看到别人带来的伤害，却对那些帮助视而不见，还要在心底留下无穷仇恨。这可真是种糊涂的活法啊！那么以禅的观点来看，我们是否应该不去在意伤害，而只把别人的帮助铭记在心呢？其实，从禅的角度来看，这样做固然是好，但铭记别人的帮助，不如我们主动去帮助别人。

慈悲，体现在我们应当帮助那些真正需要帮助的人，而不是为了显示自己慈悲而胡乱地帮忙。善意是讲究条件的，胡乱帮忙的那种“善意”还是越少越好。

生活是没有苦恼的，只有稀里糊涂地活着才会有苦恼。生活是一种享受、一种创造，而活着，就只是僵死一般的度日了。

真正幸福的人从来不炫耀，就好比山谷里那最清幽的花儿，从不会因为无人欣赏自己，而选择永不开放。

行善和帮助别人的程度与我们投入多少物资是没联系的。你若是付出了一颗真心，便已经足够了。不需要比较，因为没有什么比真心更可贵。

8. 越是痛苦，
越需要找一种方式抵达内心

一个屡屡失意的年轻人来到禅院，希望能够得到禅师的指点。禅师便请他品茶。但这个人说茶水喝起来很苦。禅师不说话，只是不停地给他杯子里续水。三杯茶喝完，年轻人才说："这茶可真香！"禅师笑了："若不是先前那几杯沸水冲泡，又怎么会有这茶香呢？"越是失意，我们越是应该想到，失意的背后乃是惊喜的到来。

一个愁眉苦脸的人说："生活就像是重担，我肩头的担子太沉重了。"一个禅僧听到后就说："那就放下吧。"这个人又说："那我岂不是脱离生活了。"禅僧回答："那就再担起来吧。"

行脚，不仅仅是简单的迈开双脚走路，而且还是给心灵放假，把心灵暂且从忙乱中抽离出来。人怕闲，更怕忙，最怕的就是忙得停不下来，甚至忘记了人生的意义本不在于忙碌，而在于慢慢地欣赏生活，创造生活。

在生活中实现心灵与身体、心灵与外物的完美融合，这是一种真实而富于创造性的生活。在这样的生活中，你领悟到有舍必然有得，你领悟到有慈悲心者必能得人心，你领悟到生命的每一天都是新鲜而富有激情的。

在现代社会，人们总是怀疑行脚带来的教育价值。但真正有过

行脚经验的人都知道，双脚在大地上踏实地行走时，那颗曾经悬着的心才能真正地踏实下来。行脚就是告诉我们，做人也好，生活也好，应该脚踏实地才好。

人生就是一场不间断的冒险，但这冒险更多的是心灵的冒险，谁能够不断地发现生活中的美，不断地接受新鲜事物，不断地将新思潮纳入自己的脑中，谁便是这场人生冒险的赢家。

经常听到人们抱怨说这个时代越来越差了，但我想说的是，我们每个人都要承担起时代环境的好坏、善恶，同时，我们也对这个时代环境负有一定的责任。你可以选择善良，选择美好，选择慈悲，但如果你没有选择，还要怪这个社会不好，那只能说你自己太无知浅薄了。

只有保证身体的健康，才能保持心灵的充实和活力，身与心从来就是一体的。所以，忙于劳作的身体，其心灵必然也是清爽灵活的，但这一直有个前提，那便是适当地劳作，也适当地休息。从不劳动工作与一直劳动工作，都是极端的行为，都应该尽力避免。

人们在忙于积累财富的同时，是否也应该反思一下自己的行为？如果我们不知节制，不懂悔悟，总有一天会因为自己的贪心与偏执而失去曾经辛苦积累的一切。贪得必失，任何行为一旦过度，都将把结果带向反面。

我发现有许多自诩聪明的人做事情时却是颠倒主次的，比如，当与人发生矛盾时，不是先着手处理矛盾，而是指天抱怨一番；在遇到工作上的问题时，不是先解决问题，而是先找个地方痛饮几杯。赶牛车行路时，牛车不前进，我们应该赶牛而不是打车，可惜这么简单的道理，却不是人人都知道的。

放眼看去，我们的生活便是道场，生活中的一切都在向我们传递着道理。有心之人，他总能在平淡无奇的生活里有所收获，而无心的人，无论是多么透彻深刻的道理，他都不会留意的。年岁大，未必懂得就多，倒是那些善于观察、善于思考的有心人，才真正没有白白生活。

现代社会的拜物思潮真的是很腐蚀人心，当我们的生活中仅仅只剩下对物质的追求时，我们的心灵距离平和、安乐就越远了。

在生活中可以存在许多曲折和误解，但这些曲折和误解却可以用糊涂一点的心去看待。别人骂了你，你就要回骂过去；别人误会你，你就一直怨恨着；别人给你带来不快，你就发誓必定要报仇。这样的心，充满了毒汁，用如此心态生活，将来的人生必然也并不会好过。真正明智的做法是：随时保持着心灵的柔和、谦逊，以及对待生命的热诚。

曾经有人问我："如何面对生活中不断出现的烦恼？"我对他说："烦恼本来不过如此嘛！"你看，正是因为自己心里记挂着，所以才被烦恼纠缠住。如果你不理会，不在意，更不执着，那么烦恼不过如同天上的乌云，一阵风吹过，就不见了。

在打扫庭院里的垃圾时，要想着清理内心的垃圾；在剪除花园里的杂草时，要想着剪除内心的杂草；在抹去桌子上的灰尘时，要想到抹去心灵上的尘垢。心头那些如毒草一般的念头，便是我们应当清除的垃圾、杂草和尘垢——分分钟钟都不离开生活，但也不离开对心灵的觉照。

我发现很多人都有这个毛病，包括我自己在内：明明是自己内心不宁静，易生气，反而还要责备身边的人惹恼了自己，责怪外境与自己作对。事实上，如果我们不与自己作对，不跟自己为难，世界上就无人能够与我们作对为难。生活里的一切问题，其实无非都是心的问题。

第二章

好的积攒多了，坏的自然进不来

1. 好的积攒多了，坏的自然进不来

临济有个弟子带着满心的疑问去请教问题，没想到却被临济打了一掌。这个弟子很是纳闷。但后来他看到临济大步流星地走开的样子，便又笑了。这是什么意思呢？因为临济虽然没说过一句话，却以实际行动告诉这个弟子：不论当下发生了什么，它都会成为过去的。然而，我们就是缺少这么一点智慧，才把自己搞得很累。

一个学僧问禅师："我们在打坐，街头的乞丐也在打坐，我们和他们有什么不同吗？"他的师父拿出一枚铜钱，说："乞丐打坐，是因为被物质欲望覆盖了内心，他们是在不断地索取，而我们却是在学着舍弃。"说完就把这枚铜钱放到了一个乞丐的面前。只知不断索取的人生是沉重的，有舍弃的人生才是明智的。

日本古时候有个梦窗禅师，某天他乘船出行时竟无辜被一名

武士给打伤了。事后，有人对他的遭遇打抱不平，梦窗禅师却说："我们不必随着别人的情绪而行动，这样就是真正的自在。"所以，当有人对我们发脾气时，我们实在不必跟他较真，为什么一定要被他人的情绪影响呢？

慧南禅师对一个弟子说："我要传授给你最上等的法门，你信不信？"这个弟子连连点头说："一切都听师父的。"慧南禅师突然变了脸色说："什么都听别人的，那么你还有自己的想法吗？"虽说我们要虚心求教，放下自己那些固执的见解，但同时，我们也要留下独立思考的能力，万不可成为他人思想的傀儡。

正知正念就是说我们身处逆境恶缘时要不生嗔恚。逆境恶缘即是不好的物质环境。在这种环境下，如果你还能保持自己内心的安然，不气恼，不仇恨，不因外部环境的变化而陷入痛苦中，这便是真正的正知正念。

最好的生活，就是去创造，而不是沿袭他人的路数。

在日本古时候，东京有一位东云禅师，他对一个以雕刻佛像为生的信徒说："要想雕刻出真正具有佛性的佛像，就要有一颗虔敬的心。"东云禅师所说的"虔敬之心"，不仅是珍惜福报的心，也是敬业之心，在日常工作中，我们应该用这颗虔敬的心来做事，如此我们的人生才会真正圆满。

有人把工作上的困难看成千斤重，有人在面对难题时却能轻易化解，这其中除却能力上的差别，心态上的差别似乎更能起到关键作用。一个有禅心的人，他面对不同的问题时，能够用不同的方法、不同的途径去解决，但心态却是同样的：安住在对自己的信心中，而不是因为外境艰难就有所动摇。

在你发脾气的当口，如果能够意识到这种行为带来的后果，从而及时收住坏情绪，那么你便是在当下的那刻收获了禅的经验。这种经验虽然是刹那间出现的，但它却会深深地播种在你的生命土壤中。

我们在处理生活中遇到的难题时，很多时候总是被表面的困难吓倒。如果我们真的动手去做，而不是一直在自设的恐惧和焦虑中过活，那么就会发现，所谓困难，并不如同原先所想的那样。可见，真正阻碍我们前进的，并不是生活里的障碍，而是内心中的障碍。

有句老话是这么说的："各有因缘莫羡人。"这是说每个人的际遇和命运都各有不同，每个人都有各自的命运轨迹，谁也没必要羡慕谁，也没必要嫉妒谁，更没必要去模仿谁。但只凭着自己的本心，去做着手头的事情，如此便好，这样才能得到最大的安心。

同样的一斤米，从不同角度衡量，它的价值也是不同的。寻常人家不过当它是几碗米饭；农民看来，它能换成许多铜钱；在富贵人看来，一斤大米根本不算什么；饥寒交迫的人却觉得一斤米可以救自己的性命，所以它非常珍贵。

从前大珠慧海禅师就曾告诉过他的弟子："你不要妄自菲薄，你的心性就是佛性；但你也不要因此骄傲，因为众生皆有佛性。"我们缺少的正是这样的认识。每一个找不到自我价值的人，都应该体会一下这句话，因为价值是需要通过一点一滴的积累才能体现出来的，而在此之前，我们要做的就是端正心念。最踏实的生活，还是要从小处着眼。

有人问：“为何我总是感到无处不在的压力和痛苦？”我回答：“因为，你放不下对自己的执着。”有些人总是放不下自己，这就导致困扰重重。在生活中破除“执着”，就要有一点“无我”的精神，比如被人误会时，你首先要做的不是争辩，不是怀恨，而是反问一下自己：“哪一个是‘我’？别人如何评价‘我’，这个和自己有关系吗？”

你看，野花在春风中轻轻摇摆，鸟儿在山林间无忧无虑地歌唱。你以为它们如此自在是因为没有被人伤害，实际上，它们只是比你活得更纯粹罢了。野花摇摆的时候就不去想是否会被人采摘，鸟儿歌唱的时候就不去想是否会被猎人瞄准射击。而我们呢，在工作的时候想的是三日后的约会，在约会时又想到工作上的安排，你说，如果你经常这样活着，还能自在吗？

2. 自己的言行充满善意，才能活在一个温暖的世界里

中国唐代诗人白居易，他向惟宽禅师请教：“既然每个人都有身口意，那么我们该如何管住自己的言行，以免自己会伤害他人

呢？”惟宽禅师说：“说好话，做好事，让自己的言行清净和善，便是最好不过了。”其实，这个原则也适用于现代人。让自己的言行充满善意，我们才能活在一个温暖的世界里。

有时候，禅师们在解答弟子提出的问题时，往往喜欢先沉默一段时间。这种沉默，其实是对提问者的一种考验：如果你对自己没有信心，就不要等下去了。其实生活对每一个人也是这样的：如果你遇到了麻烦，你对自己没了信心，那你就不必指望着生活有改善了。所以说，做一个对生活充满信心的人，对我们来说是多么的重要。

一休和尚被一个将军请到了家中，说是要麻烦他把那屏风上的老虎给抓住。一休看到那屏风便说：“你们有谁能把这老虎从屏风里赶出来啊？这样我就可以抓住它了。”将军哈哈大笑：“纸上画的老虎，怎么能赶出来呢？”一休正色说道：“既然是纸老虎，又何必要抓住呢？”一旦有了智慧，生活中的困难和这纸老虎也就没有什么差别了。

当我们总是把目光停留在他人身上时，我们就会盲目地以自己的短处去比对他人的长处，而世间最蠢的事情莫过于此。因为当你不认识自己时，就会越来越自卑，越来越消沉，在无形中给了自己很多压力。

世人不仅容易被外物的表象迷惑，更容易因为不了解自己而产生各种困惑。生活中最明显的一个事例就是，我们因为他人对自己做出的评价而在悲喜间变化。当然，真正要做到不计较是非毁誉，并不容易，但我们却可以在日常的工作生活中磨炼自己的禅心，看到真实的自己。

他人对自己的评论如何并不重要，重要的是我们在生活中应该保有何种心态。如果你把别人对你的毁谤当作自己前进的动力，那么你就会取得高于他人的成就。更何况，他人的言行我们无法管制，但我们可以管理自己的心态，所以，我们为何要去做他人舌头下的奴隶呢?

人的价值是表现在各个方面的，看似最不起眼的人，他也有创造出财富的可能，只要他认识到自己的具体能力是什么就可以。所以，禅的全部目的，就是与鲜活的生命融合。

在人这一生中，最重要的时刻便是当下，因为只有当下是我们可以真正支配的。一生中最重要的人，就是那个在当下和我们共事的人。最有意义的事情，莫过于自己做的一切都能利于他人。所以，生命中的每一天都看似平常实则不平常，每一天对我们来说都是崭新的。这个，便是禅的真谛。

看看那些禅师们，他们都是先有了禅的体验，而后才能对他人说禅。所以，我们只有充分地认识到自己，才有可能在生活中展现出自己的价值啊。

已经过去的，再不可能回来；尚未到来的，人们无法预测。因此只有当下的时刻才是真正可以支配的。最愚痴的莫过于那些有远大的目标却又不在当下努力的人。能够做好手头的事儿，这本身就是契合禅理了。

许多人为了并未发生、还未到来的事情而忧虑，担心，凭空给自己制造压力，却不知道为了那些尚未到来、不可预知的事情而烦恼忧虑是最愚痴的行为了。这正如古时候的一个禅师所说的那样：“别问我哪里是禅、哪里是道，你只看你脚下便是。”

如果你的心在任何情况下都不产生执着和黏滞，那么你就是自由的，你的精神就是契合禅道的。

我们都在追求一种“无心的境界”，但你知道这是一种怎样的体验吗？无心的境界，是不因妄想而生烦恼，是不为琐事而有疲累，是不把生活当作挂碍。禅讲究云水随缘，说的正是无心的境界。

无心的境界不是要你对生活里的一切事都不上心，而是要不留挂碍地去处理每一件事。

我们的生活环境好比是瓶中之水，我们的心灵就如同花朵，我们只有在生活中时刻净化自己的身心，注意自己的言行，改正自己的缺点，忏悔自己的过失，这样才能吸收到禅的智慧。

3. 日子过得不好，是因为你对自己没有盼头

生活就如同山谷里的回声一般，我们说什么，就会回荡起什么。我们喊“真是累死了”，回声也会是这句话；如果我们喊“我一定会成功的”，那么回声响起时，我们听到的也是这句。所以，假如我们一直抱怨生活不好，那么它反馈给我们的感受就是生活中充满了痛苦。如此说来，还是乐观一些去生活吧！

语言的表现，是内在心念的反映，但它反过来也能继续影响我们的内心。当我们被生活伤害时，千万不要在嘴上喋喋不休地抱怨，这样会给自己的内心一种暗示：自己的日子不好过，自己的人生没盼头。你看，乐观精神并不是自欺欺人，而是很明智的活法。

幸福的重点，不是思索，而是洞察，而洞察的对象也不是知识技能，而是内心深处的体验，是生活的经验。通过这种洞察，我们能领略到生命中更多的美感和幸福。比如在某项工作中，如果你看到的只是困难重重，那么你感受到的便是压力，如果你看到这困难之中的另一番意义，那你感受到的便是工作的价值。

在日常生活中，我们那些简单而重复的行为里其实饱含着非常丰富而微妙的感受，可是正因为它们太过寻常了，所以我们常常予以忽视。但正是这些简单而重复的行动，却是对我们的生命影响最大的。比如一些好的或不好的习惯，这些简单而重复的习惯，就会直接影响到我们的生命走向，所以，学会洞察是一件多么重要的事

情啊。

安详、静默这些并不等于怠惰懒散、毫无生气，这是一种从容和低调。有时候，嚷嚷得很厉害，并不代表就是真正有活力，而真正有活力的人，他们必定是在不声不响却热情无限地从事着自己的工作，规划着自己的生活。

禅的修行，追求的是心灵的解放，追求的是心“眼”的顿开，当我们真的沉浸在这种境界中时，虽然生活中的磕磕绊绊还是会继续存在，可我们已经不会因此再从自己心中生出烦恼了。工作上的难处、生活里的困顿、人际往来中的矛盾，于我们看来不过只是一种人生经验而已，过去就好了，况且不管这处境有多难，它终会过去的。

你且看那些不满足于现实生活而又无力改变的人，他们每天都想着如何过得更好，却又没有任何实际行动，结果生活非但没有得以改善，身心反而更加不自由了。

心的自由是没有任何条件的，也是没有任何羁绊的，任何对于未来的想象，对于过去的追悔，这都是无形的枷锁，捆绑了身心的自由，然而人们却还乐此不疲，这真是很奇怪啊！

你遇到不快乐的或者快乐的事情，无非是因为自己心念上的分别。如果你了解自己的心念上的分别会给自己带来麻烦和烦恼，那么你看待所有的人事物都是平等如一的。比方说，你在生活中只是看到了自己喜欢的和不喜欢的人，那么你在人际关系中便会有烦恼；如果你看到的是所有人都可以成为丰富自己生命的助力，那么你便不会有烦恼。

如果哪一天，你看到空中的飞鸟、水中的游鱼，觉得它们很美好，同时看到给你惹麻烦的人、让你难堪的人也可以给你带来一些收益，从而不再生起烦恼，这便是真正地用禅在观照自己的每一个念头了。

人不需要对生活有过多的要求。锦衣玉食与粗茶淡饭有区别吗？高档别墅与普通住宅有区别吗？坐拥金山与勤劳工作有区别吗？只要内心踏实，念头清净，便自然身心快乐，又何必用世俗的所谓标准来捆绑了自己，打破内心的平和呢？

禅所关注的只有生活，只是人心。正因如此，禅能够教给我们如何生活、如何做事。当薪水不够多时，我们想的是如何节俭度日，这是一种禅；当被别人的言行冲撞时，我们想的是任何人都会有过失，这也是一种禅。能够想到这些，内心便自然不会再生起波澜，这总比那些动辄就抱怨日子不好过、抱怨别人对自己不好的人要智慧得多！

“我们为什么会有烦恼？”对于这个问题，人们只是从外部原因来寻找答案，但我们最好还是把审视的目光转回到内在。所有的烦恼根源都在自己的一心之间，你问问自己：遇事时是否真的能够直面自己的想法？是否能够不那么钻牛角尖？如果答案都是否定的，你又如何能够不烦恼呢？

4. 停止那些非分之想

一想到人生中还有那么多个明天，我就在想：眼前的失败或者痛楚，那根本是微不足道的，如果一切都圆满了，那么，我们要那么多的明天去做什么呢？空虚地度过吗？

有一天，临济禅师向他的弟子提问：“如何才最接近道？”这个弟子一时语塞，没有回答上来。临济便高声喝道：“还不快出去！”后来这个弟子自己有了觉悟，他在被老师赶出禅堂后心里很痛苦，但正是因为这痛苦的存在，才想着要如何才能平息下来。原来，生活中的痛苦，并不是让我们去痛的，而是要我们从痛苦中想到解决痛苦的办法。

有个命运坎坷的人向一位老者诉苦，说自己的人生中充满着各种痛苦。老者听完就笑了。他不是嘲笑这个人的软弱，而是要告诉他，每个人的生活，都不是一帆风顺的，你认为自己的生活中痛苦太多，可是，并没有人叫你死盯着痛苦不放啊！

如果我们了解到，因为这些痛楚的存在，才能够使自己在未来的生命中承载更多的精彩，那我们还会抱怨吗？恐怕我们会对这些痛楚感恩了吧？

古时候的一位禅师说得好：“宇宙能有多大多高？宇宙只不过五尺高而已！而我们这具昂昂六尺之躯，想生存于宇宙之间，那么只有低下头来！”世间的不平事那么多，而我们要做的就是让自己身心柔软，不是不关心世事，而是不要莽撞行事，这个，离不开一颗带着禅意的心。

我们要时刻检省自己的内心，要在生活中做到包容、忍耐、大度，让自己的心是温和的，充满善意的。在是非面前忍耐三分，在争执面前退让一步，以禅的角度来看，这都是另一种方式的前进，而这种前进，是任何功名富贵都无法换来的。

盘珪禅师就曾以生动活泼的方式告诉一位坏脾气的武士：你那暴躁的脾气，无非是因为外界事物违逆了你的心意而生起的。假如你的心，不曾因外界事物的好坏而发生动摇，也不会因为他人的几句话就欢喜或生气，你又怎么会长期地生活在暴怒里呢？如果你安静地想想，你会发现，这个道理还是很容易理解的。

心头的火气，无非是由于自心执迷造成的，而要使身心平和清净，就要放下无数的偏执。当我们能够看到痛楚带来的不只是难受时，身心便自然无比舒坦自在。

有很多职场中人，说自己每天都活在难受中：工作压力大，受不了；薪水少，出力多，受不了；同事比自己升迁快，受不了；某人工作不辛苦且酬金高，还是受不了。从禅的角度来看，任何比较都是毫无意义的，除了徒然地给自己增加痛苦，还能有什么呢？如果你真是觉得受不了，大可以从事自己喜欢的事情啊，可为什么你宁愿抱怨，也不思考如何改变呢？

当你陷入痛苦时，你要学会从另一个角度来看世事，当你的心态变了，对事情的想法也就不同了。人生苦短，你何必钻牛角尖？

若是把一切的痛楚都看作是对心灵的磨炼，是为了让自己做更大的事业，那么，你的情绪还会那么糟糕吗？

我们不必依赖他人和外境，也可以让生命变得丰富，愉快。最主要的，还是要学会静心，心安定了，乱纷纷的念头也就少了，身心不再杂乱，你也就有更多的心力去经营自己的生活了。

要提防心中的贪婪欲望。我们是要做财富的主人而不是做金钱的奴隶，诚然，每个人的内心都有贪欲和执着，只不过，有智慧的人能够及时发现，并告诉自己“停止那些非分之想”，而这种人，他们所做的事情，都是清楚明白的，因此，他们是幸福的人。

世间事物变幻无常，我们却总是执着于心爱的事物而难以割舍，或执着于不开心的事情而万分纠结，这都不是禅的智慧，都是愚人的想法。禅认为，当我们执着地陷入在一种观念里，就会失去接纳其他观念和事物的可能。所以，要看到另一种意义的获得，比如从苦痛的过往中获得某些经验，从此丰富自己的人生。

在中国古时候有位慧海禅师，早年他曾向马祖求问禅道禅法。马祖说：“你自家的宝藏都丢下不顾，跑到我这里来做什么？我这里没有你想要的东西！”后来慧海终于明白，禅就是要领会自己的心念，它存在于自己的心念之中、生活之中，向外人去问，那自然是得不到的。学习禅法，就是要唤醒自己的心，至少，要让它对生活保有观察和热度，才谈得上让生活有起色吧。

从前有一个专门负责敲钟的小和尚，他很受住持的器重。因为他每次敲钟都是怀着清净和庄严来做这件看似简单枯燥的事儿，也正因此，他才从看似枯燥的工作中找到了乐趣。其实，我们也应该有这种精神，这才是禅的风度。生活中没有绝对的枯燥、绝对的痛苦和绝对的无趣，只要我们的心丰富多彩，充实活泼，我们就能在看似平常的生活里体验到乐趣。

一切烦恼都是在自己的心内瓦解掉的。从来没有人给你“惹麻烦”，你所谓的麻烦，不过是为了迈向更高阶梯的垫脚石而已。

生活是什么？它就好比一幅图画，我们需要不带犹豫地去完成。在遇到困境时，没有必要陷入痛苦里面，我们要明白，人生总会充满困境的，以平常心去看待就可以了，没必要大惊小怪的。

有个路人在房檐下面避雨，他看到一个打伞的僧人路过，就请求带他同行一段路。僧人说：“我站在雨中，你却在屋檐下，何必需要我带你呢？”路人说：“可是，你有伞，我却没有啊。”僧人说：“那么，你应该找的是伞，而不应该来找我啊。”这雨，就好比我们要面对的困难，伞就是我们克服困难的方法，这方法应该靠着我们自己找，而不应该只盼着别人的施舍。

生活不像画作，可以随时涂抹修改，但我们也没必要因此就以为生活之路必然充满痛苦。不论痛苦快乐，都以一颗平常心去看待，那么，不论是痛苦时还是快乐时，我们就都不会沉湎于其中而无法自拔了。

把人生总结成五花八门的道理和教条，这从来不是禅的智慧。禅只是说，你们要有一颗平常从容的心，带着这样的心去处理世间的万事吧。

古语说得好："热闹场便是道场。"只要我们能熄灭自己的妄想，放下自己的执着，哪里不是一样的清净呢？哪里不是一片平和呢？即便是在矛盾重重的单位里，或者是在诸事琐碎的生活中，我们不也是一样能快快乐乐地工作、生活吗？

我们常说平平淡淡才是真，生活中是这样，工作中也是如此。越是平常的生活，越是平常的工作，才越能给自己的心灵带来清净和舒坦。

要在工作、生活中保持清净的心，就要先端正自己的思维和心念。在压力面前，一定要从积极的方面去看问题。禅是有所肯定也有所否定的，当你选择了肯定的、正向的心念，你才能够将问题和困难否定掉。

我们若想对真理、人生、禅有所领悟，就要放弃一切固化的意识和观念，然后从固化思维中跳脱出来，由此就能获得一种全新的观察方法。用这样的方法来观察生命，我们便总能得到新的发现。

真正的平常心境界，不仅是不因外物的有无而或悲或喜，不为外境的变化而迷失自我，更重要的是应该对自己的生活有独特的体认。不自傲也不自卑，在任何境遇里都能保持平和欢喜，这才能算是"平常禅"。

太过精明的人活得都比较累，因为精明到给自己的心里平白地增添了许多不快。反而是那些看起来简单、朴拙的人，他们往往更容易感受到生活的快乐。

对于工作上的尔虞我诈不那么上心，对于人情冷暖不那么敏感，如此，你的心就会轻松许多，你也不会被自己无端生起的焦虑所困扰。禅不仅教给我们摆脱理性的困扰，更是告诉我们要学会摆脱非理性的苦恼。

在很多时候，我们不仅被错综复杂的条件束缚着，更被自己的观念束缚着，就如同那木偶一般，没有任何自由。这种情况当然是悲哀的，但更悲哀的是，当有人在我们面前指出了获得自由的道路，我们却视而不见。当我告诉身边人，通过禅修，就能从自己设定的桎梏中逃离出来时，我看到的只是一双双麻木的眼睛。

通往精神幸福的道路是何其重要！如果你经常被烦恼和痛苦纠缠，那么你就会认同我的观点，只有心灵的充实和精神的幸福，才是人生最真实的意义。

如果你要摆脱束缚自己的种种条件，那就要淡化你的物质欲望。很难想象一个整天追逐享乐的人能够得到真正的平和喜悦，也很难想象一个陷入欲望漩涡里的人能够在日常生活中找到真正的快乐。

人生的重点不是物质的盛宴和肉体的欢娱，而是灵魂的体认。外在生活即使在外人眼中看起来很好，但内心如果烦恼不断，也一样是痛苦的，毫无乐趣可言。

5. 忠实地相信，并择取善意

盛开的桂花，潺潺的小溪，春鸟的鸣叫，这些都是自然中美好的感受，这些都是我们内心中需要的东西。

大千世界有着无穷的变化，这些变化在我们看来似乎很可怕，因为一切都是不确定的；但是从禅的角度来看，一切变化都可以成为契机。比如，你被老板辞退了，你觉得这个变化难以承担，可这也正是你重新开始自己崭新人生的机会啊。

幸福与否其实和你拥有多少财富是没有关系的。内心的宝藏才最重要，并且这内心的宝藏是无法被人偷去的。

我们总是急匆匆地赶往一个目的地，并且希望在这个过程中不要出现任何差错，免得走了多余的路。但是，事实上，世间是根本不存在“多余的路”这么一种说法的，并且，有时候多余的路上会有着更美丽的风景。

我们不应该成为一个远离世间喧嚣的旁观者，任何一件事情，都应该参与其中，这种体验，是最为殊胜难得的。比如，当我们处于恐惧之中时，如果我们只是体验恐惧而不是对它抱以什么看法，那么这种体验将会成为我们生命中的可贵财富。

人如果只是通过概念来认识世界，那么人与世界之间终究是隔着一层的，这也就不难理解，为什么我们看问题总是看不透彻，因为我们始终没有直接地去体验世界。禅告诉我们，不论对什么事情都要直接地去体验。这就好比，你在听了旁人的说法后觉得某项工作很困难，但只有你去直接地接触这项工作，你才能知道它是不是真的困难。我们与这个世界的关系，也应该是这样的。

当你安静下来，了解到自己的需要，直面自己真实的欲求，你会很快地发现，有些东西是不难舍弃的，因为这种舍弃，自己的生命反而轻松了许多。这便是一种人生智慧。

如果你被纷纭复杂的外境搞得晕头转向，不知所措，那么不妨向自己的心内看，向自己的心内求。我们的内心就是一座宝山，而不必把精力都放在求取物质享乐上。你可以试试，比如在工作受挫时，你问问自心，自己想要做的到底是什么。或许，你就能在挫折中转换思维，走向另一条道路。

寻找生命的意义和心灵的慰藉，这是很重要的事情，但如果有人被这重要的事情牵绊住，我依然觉得他是缺少智慧的。

有所相信，并择取善意，这其实是最为高明的智慧。

有人向赵州禅师请教古代的一句禅语“祖师西来意”，应该如何理解。赵州禅师只是说：“你往自己的内心看去。”你以为赵州禅师是答非所问吗？其实他说明了一个真理：很多时候，我们不懂得注意自己的心，所以也就不够了解自己，从而成为从众的那个。

有个学僧，跑去向睦州询问：“什么是禅？什么又是智慧的源泉？”睦州却说：“你这个可怜的娃，为什么不先问问自己的心呢？”是啊，当我们面对现实中很纠结的问题时，为什么不先问问自己的心意呢？最大的智慧，便是足够重视自己的内心。

6. 不刻意追求结果，往往最能收获到好的结果

人们把生命描述为火花或电光，借以说明生命的可贵。同时，生命中的各种际遇也是稍纵即逝的，也同样的可贵。所以，与其等待生命中出现奇迹，不如自己去创造奇迹。

崇信禅师对他的师父说：“我追随您多年，您还没有给弟子做过开示呢。”这个老师父却说：“要想得到生命的启示你问我做什么？为什么不回顾一下自己的生命历程呢？”生命中的一切，皆可能成为我们的老师，只是，我们的心里还不够敏感，所以总是会忽视掉生活给我们的启示。

在现实生活中，你我都是病人，尽管我们的身体看起来并没有什么毛病。我们有眼睛，但我们看到的只是事物的表象；我们有耳朵，但听不进任何真实有益的建议；我们有舌头，却用来论断别人。你说，我们难道不是生病了吗？

如果你发自内心地行善助人，这是很好的一种修行；但如果你

在行善助人之后很急切地想要从中得到回报，那么便是给自己的心灵捆上了金子打造的锁链，虽然它是黄金打造的，但那也是锁链，一样会让你失去自由。真正做善事，不是自己为了换来好的结果才刻意地去做善事，而是真正地投入到善意的生活之中。不刻意追求结果，往往最能收获到好的结果。

被压迫的精神在不断地呼唤自由，但是人们却又一次次地陷入欲望的陷阱中。生活永远都是在烦恼中打转，除非人们能够识破诱惑和欲望，将追求享乐的时间用在观察自心上。

我们不要依赖物质，也不要依赖逻辑，这个世界上的一切都是不可依赖的，如此，便是强调人的独立性，肯定的是人本身。

生活中的那些所谓界限，不过是人们给自己树起的藩篱，人能够树立藩篱和围墙，自然也能拆掉它们。你可以细细地体验一下，自己曾经钻牛角尖想不通的事情成为引起烦恼的根源，但是当自己想明白了之后，身心便顿时舒爽，自由，你看，并没有谁帮你“拿走”那些烦恼，它们的的确确是你自己化解掉的。

曾经有个禅宗故事，告诉我们不要做别人舌头下的奴隶，同时也告诉我们学会控制火气是多么的重要。若是要收敛自己的脾气和个性，这个过程多少会有点儿痛苦，但收获的却是心灵的安宁以及对情绪的自主。没有什么是人们克服不了的，只要你敢于面对自己的习气和毛病。

在平常的生活中，我们经常会被眼前的表面事物所蒙蔽，或者是以先入为主的想法去看待别人，这样就会固执于自己的想法而做出错误的判断。禅的智慧告诉我们，当我们执着于外境，执着于自己的评断时，就听不到其他的声音，看不到其他的事物存在，因此，就难免犯下许多错误。可见，固执也是一种病，更是一个巨大的陷阱啊。

世上的一切陷阱，其实都是人为的，我们固守在陷阱中，也是因为自己的固执。但是当我们接触到禅，并且在了解到一切的自我设定都可以打破时，我们的身心便得到空前的自由。这种自由不需要别人赐予我们，这是我们自己的领悟。

我们要明白，在这个世界上没有解不开的纠葛，只有不愿放下恩怨的人。当我们放下满怀的仇恨，以平和的态度去面对一切，自然就能感受到轻松与自由了。但问题就是，这个过程很艰难，所以，我们要守护好自己心头的善念，哪怕是一丝一毫。

人与人之间的交流到了最高层面，那应该是心与心的融合。但在很多情况下，我们并没有做到。因为我们给自己的心砌上了一面厚墙，我们以为这样就会不受伤害，但也因此而将自己封闭起来。其实，我们大可不必如此，只做真实的自己就好，至于所谓的伤害，无非都是我们想得太多的缘故。

在生活面前，任何辩解和说明都是徒劳的，只有安然地活着，才是真正的生活。当然，这也需要我们有一颗至真至纯的心才能感悟得到。

如果智能带给我们的只是困扰，而不是把生活变得更好的动力，那么智能便沦落成束缚我们的囚笼。可惜的是，人们往往追求智能，而不去思考如何应用它，并且，不被它束缚。这就是“聪明反被聪明误”的一种。

7. 好与坏，只是人们用自己的分别心强加上去的

我们应该在生活中的当下努力生活，而不是把目光放在遥远的未来。而我们的焦虑感则多半是因为我们并没有活在当下，我们的焦虑感来自对未来的不确定，安排好眼下的事情，一心一意地去做眼下的事情，这样就能止息心头的焦虑了。很简单，是不是?

在努力生活的时刻里，在认真感受生命律动的时刻里，都不会有焦虑产生。

一个有“住所”的人，那便是囚犯，他们自以为所有的绑缚都源自外部，实际上他们是被自己思想的绳索捆绑起来了而已。自由自在的人，他不会被自己的想法困住，也不会被外境给困住，不论他在什么地方、什么时间里，他总是满心欢喜、满心自在的。

长久以来，人们在自己的意识里都有这样的概念：这个是好的，我要追逐它；那个是不好的，我要避开它。其实这些所谓的好与坏，只是人们用自己的分别心强加上去的。

我们只有用对立的眼光去看待万事万物时，它们才会呈现出差别来，它们才是矛盾对立的。但从禅的角度出发，一切事物、一切经验，对我们来说都是必须的，都是有意义的。所以，我们又何必焦灼不安呢？

如果我们过于强调行动的目的性就很难真正体验到行动和过程的乐趣，所以，当我们做事情时，不要黏滞在目的上，也不要执着在过程中，只是去感受它们就好。

当我们不计较今天的不快，不担忧明日要处理的工作，不纠结做出的决定，不是把目光只放在偶尔发生的不幸中，我们就摆脱并超越了一切烦恼和干扰，实现了真正自在的生活。

当你抱怨生活节奏快、压力大、不如意的事情太多的时候，你是否想到过，自己的内心本就是清净无瑕，光明一片，又何必把心力全部用在追求欲望享乐上呢？真的要把自己弄得心被物累、压力重重时才肯回头内观自己的心灵吗？那岂不是太迟了吗？

或许你的薪水没别人的多，你的职位没别人高，你的各方面条件都不如别人，但你有没有想过，你心灵的财富是否比别人富足呢？如果是，那么你又何必整日愁眉苦脸呢？如果不是，那么你整日愁眉苦脸又有什么用呢？

人类的精神世界往往会因为自己对某个观念、事物的执着而失去自由与活力，我们平时所说的“被什么东西绑住了无法脱身”，实际上是一种很深刻的固有惰性在作祟。

人，一旦他认识了自己，就不会那么焦虑了。因为他了解到自己能做的和不能做的，所以在做事情时也就能够避重就轻了。人如何认识自己？这个问题其实很简单，我们可以在众生中认识自己，也可以在欲望中认识自己，抑或在平日的烦恼和习气中认识自己，世间的一切，都是镜子，我们都可以从中认识到自己。

烦恼是从哪里来的呢？我觉得，了解这个问题能够有效地减少我们的焦虑。烦恼从贪心中来，烦恼从自私中来，烦恼从执着中来，烦恼从狭隘中来。烦恼这样多，也并非就是坏事，从禅的角度来看，身体生病后我们才会倍加珍惜健康，烦恼积累得多了，我们才会想到破除它的办法。

古时候有个画家善于画竹，于是便有人出巨资请他画一幅竹林图。这个画家将竹叶画成了红色，这举动让来客感到很是惊讶。画家却说，竹叶的颜色，可以成为想象中的任何颜色。我们不必局限于日常经验中，因为想象的空间，永远能够带给我们生活的乐趣，把我们带离焦虑。

云门禅师四处游访时遇到故人便说："我肩上扛着杖子，东西南北却从来不分；我随意地在田野中漫步，从来都是以敲击树桩作为乐事。"这是一个保有童心的人，而我们为什么容易整天被焦虑缠绕？正是因为我们的心性中少了这么一点儿童真。

8. 没有命定的不幸，只有死不放手的执着

不论做什么，行、住、坐、卧都应该是心思集中的，处于这种状态下，才算是身心合一，才能全身心地在当下之中体验生活。假如我们做什么都是分心的，那岂不是浪费时间？

心一旦脱离了我们的控制，就会如同那不羁的野马一般，被自己的情绪左右，所以，看顾好自己的心，总比对着他人的生活指指点点要明智得多。

大慧曾对他的弟子们说："不论是在行走，还是打坐，不论你们做什么，都应该把心思放在眼下正在做的事情上。成功的法门就这一条。"大慧说得完全正确，只有这样，我们的身与心才不会脱离我们的掌握，我们才能真正地成为自己的主人。

当我们把所有的心力都集中在事业上，就好比，母鸡孵小鸡，或者苍鹰追赶猎物，那么我们的事业岂能不成功？做事业就如同参禅一样，要有十分的决心和十分的信心。

有个刚来禅寺的人，他问身边的师兄，什么时候才能学有所成。他的师兄告诉他，当你停止这个疑问时，便会学有所成。在现实生活中，我们也经常会有这样的疑问，自己的事业什么时候才能成功，这样做是不明智的，我们只有把精力放在手头的事情上才是最明智的。所以，停止无意义的追问，埋头去踏实做事吧。

如果你有一颗纯净的心，就会破除那种执着于获得好果报的贪执心，也就能不带着功利心做善事。

在追求成功的过程中，我们要有坚定的信念和强大的内心，要能够扛得起压力，受得了委屈，如此才能看到希望，活出自己的精彩。当然，这首先有一个前提，那便是全身心地投入到当下的忙碌中，而不是整日地愁眉苦脸，要全身心地去有所担当。

“求人不如求己”，并不是说在工作、生活中可以忽略朋友的帮助、团队的力量，而是说在生活的道场里，我们要想立于不败之地，就要承担起自己的责任，而不是把成功的指望都放在别人帮助上。人一旦形成依赖心，就会生出惰性。

战场上没有常胜的将军，人生的道场上也没有只胜利不失败的情况，失败不可怕，但如果从此一蹶不振，自暴自弃，那才会真正断送自己的美好人生。任何的失败，都意味着成功的开始。

同样的一个人，有人抬举他，有人贬低他，其实，这些对他而言并没有什么要紧。因为每个人对他人的评价，都是从不同角度出发的。究竟能做成多大的事业，这也不是由他人来决定的，而是取决于这个人到底如何看待自己。人生的价值从来就不靠他人的评断，而是看我们如何给自己定位。

成功时不炫耀，遇挫时不悲观；得到时不狂喜，失去时心坦然。不以自己为中心，在不断的变化中收获生命的经验。

一休禅师曾经对某位来访者说：“一休万事休，更莫造怨仇，这便是我的禅了。”人与人相处，产生矛盾时各退一步，坦然相对，世界一片宽阔，身心无限自由，这就是禅的精义了。

在几千年的进化中，人始终有一个没能克服的缺陷，这便是“习惯性”。因为习惯性的存在，我们才对平日的生活熟视无睹，而生活中却有着那么多的美好，我们却仅仅因为“习惯了”而对它再无感觉。

对于任何一项工作，我们都要做好规划，带着有追求而不强求的心态去努力完成，而不是对结果特别执着。每个人的能力总是千差万别的，我们没必要把目光全部集中在结果上，自己付出了辛劳，锻炼了自己，那么，又何必对结果那般在意呢?

第三章

全身心体验生活，它的苦，它的甜，都有诗意

1. 所谓奇迹，就是在大地上安然行走

我们总是渴盼着奇迹，但真正的奇迹无非就是，能够在大地上安然地行走。

我们每天浑浑噩噩的，处于一个“睡眠状态”，而禅能够把我们从这种状态中唤醒，不仅唤醒那本有的智慧和善良，还包括本有的清净心，以及对这个世界的爱。

我们的潜意识有着无穷无尽的能量，而禅，正可以把我们的潜意识开发出来。这不是神话，也并非奇迹，而是实实在在的真相。

雪峰禅师曾向一个弟子问话，可这个弟子并没有能给出让老师满意的答案。幸好，他得到了菜园里某个学僧的帮助，在第二天，他把这个答案说出来后很是得意，认为必定能够得到雪峰禅师的

赏识。可雪峰禅师却马上就辨别出，这是别人给的答案。其实，这不是雪峰禅师有什么神奇之处，而是因为他在平常就善于观察。经验是需要积累的，但我们在应用自己的经验时，也不要完全地依赖于它。

我们的心，早已经被有限世界中的规矩和常识以及限定性的知识紧紧地绑缚起来。而禅的作用，就好比一把剪刀，剪断了这种绑缚，让我们从心灵的井口里跳出来，能够得见生活的全貌。

智慧，那是一种直觉，是一种对生活里一切美好事物的捕捉能力。

所谓的束缚就好比空着的手紧紧握成的拳头，手松开，拳头就没了，束缚和紧张感也就不存在了。

我们应该心如止水地活着，更应该生机蓬勃地生活。前者就是定，后者便是慧。

请好好地生活，好好地生活在每一天的悲喜里。

生活再平常，也有平常之美，当你能看到这种平常之美，那便与禅的精神相契合了。

在洗碗的时候，你得到了什么感受吗？在担水劈柴的时候，你有了什么觉悟吗？在行走跑步的时候，你对这个世界有了新的认识吗？当你赏花赏雨时，可对生活有了什么发现吗？当你与朋友嘘寒问暖时，可在这问候声中得到了什么启示吗？

从自己的心出发去想问题，是说要在自己的心中寻找答案，而不是有了问题就去麻烦别人——好学好问自然是好事，但若是过度，就会形成依附。

从前，有个学僧向师父请教："那些尚未了悟的人，和已经了悟的人，他们有什么区别吗？"师父说："没有区别，他们都是一样的，他们都很平常。"从禅的角度来说，这话并没有错。禅也是如此。它很平常，是一种平常的奇迹，但同时，它也能把生命点缀得充满色彩。

我们要为人类的幸福而努力，但是这种努力并不是我们想的那么艰难、痛苦。因为有一颗安然的心在，痛苦也不再会成为痛苦，而幸福则会成为永远的幸福。

个人具有无上的价值，这并非是一种极端的个人主义，而是给世人树立起信心，但是，在口渴时，总得你自己才能拿起杯子喝水吧。不论是做什么事情，都要靠自己，而不是一味地依赖他人。

无论你身处天堂，还是堕入地狱，任何人都无法代替你的体验，也无法了解到你的感受。所以，每个人只要努力过自己的生活就可以了，不要希图别人来理解你，也不要想着如何去了解别人。橘子水是什么滋味，只有喝过它的人才能说得清楚。

什么是领悟的体验呢？其实这个问题很好回答。当你在做着手中的事情而心无旁骛时，这便是一种领悟了。这时候，人的心中会有一股鞭策他的力量。他会努力地绽放自己的光彩，即便是在最为寻常的生活中。

人类的一切愿望和冲动，都是极为人性的，但只有经由自心的省察，才能意识到发自内心的这些愿望和冲动在什么时刻里能够成为动力，在什么时刻里却成了束缚。

之前有人问我："人生的意愿到底是什么？这个人生值得我继续活下去吗？"我想说的是，诸如此类的这些问题并不是不可以思考，而是不要把这类问题变成生命中的重负。如果你问我，生命的意义何在，那么我会告诉你，请好好地准备一顿晚餐，说不定在这个过程中，你会发现生活的乐趣以及更多的意义。

生活与生活者其实是一体的，这就如同问题和发问者是一体的。当我们有了这样的认识时，我们就不会因为生活中出现的不愉快而烦恼了，因为你会想到的是，既然我和生活是一体的，那么我就能通过改变自己进而改变生活，让生活充满愉快。

应该开心生活的时候就开心生活，不要总想着生命旨归等的问题，当你如此发问的时候，就已经让生活偏离了迈向自由幸福的航道，而真正的禅者，是断不会做出如此愚痴的事情的。

曾经听来一个故事，觉得挺有意思的：一只蜈蚣原本生活得很快乐，但是在某一天，它低头时发现自己竟然有这么多脚，它就变得苦恼起来了，因为它不知道走路时应该先迈哪只脚。其实我们的生活又何尝不是如此呢？我们把目光放在那些琐碎的事情上，却忘记了生活原本就是多面化的。我们将自己套进了烦恼的锁链，反而还要责怪外境。如果你能从禅的角度去思考问题，就不会陷入这种苦恼中了。

我们随时随地都对生活发出疑问，但我们却忘记了生活是用来体验的，如果我们不与疑问较真，疑问自然就能得到解决。

如果我们生活中的一切都只是为了“得到领悟”，那么领悟又有什么意义？带着太强的功利心去生活，多好的生活都会变成身心的负担。你只要享受，感悟，观察，就很好了，为何要带着执着的功利心来对待原本该轻松自在的生活呢？

如果你问我关于人生的最根本问题的答案在哪里，我要说的是，这些答案就存在于体验之内。譬如你日常的繁忙工作中，就有着你想要找的答案。

保持平常的心理状态，但要比平常更为清楚分明地看待问题，这才是最佳的生活状态。

不要以为到深山树林里躲清净就是修行，因为并不是远离生活、远离尘世就可以心无烦恼，快乐自在。我们应该在世间修行，比如你勤奋工作是修行，你踏实做人是修行，你一心一意地追逐自己的梦想是修行，你真心实意地对待自己喜欢的人，这也是修行。

真正慈悲为怀、服务公共事业的人并不会每天到处嚷嚷，他们通常是很低调的。同样，那些踏实做事业、认真干工作的人也不会到处对人说自己的理想多么高远，自己对工作抱有多么高的热忱。一切都该是自然而然的，一切也都应该是低调平和的。

如果你要问我，禅者的日常生活是怎样的，或者真正学禅的人，他们都是如何生活的，那么我想告诉你，你且看那些耕地的、卖菜的、洗衣做饭的、挑水劈柴的、缝补衣服的、市井上做生意的，这些人，他们是这样地生活着，而禅者的生活也是这样。

2. 如是观照：为什么要考虑和当下生活无关的事情呢?

正如我们大多数人所体会到的，生命是痛苦的，生活是一种挣扎，但是，如果你肯正视这种痛苦，面对这些挣扎，那么你便会发现，自己承受的痛苦越多，内心便越是深沉。

不想安于困境，首先就是要用自己全部的力量去奋斗，用自己的人格来支撑理想，而不是用懒散怠惰来放任自己。

我们以手指来指月亮，但如果有谁把指月的手指当作月亮，那我们就会觉得他真可怜；我们用竹篮把鱼装回家，当鱼放在案板上时，我们就不会担心篮子是否完好无缺。摆在我们面前的事实需要我们尽力把握，关注当下就好。

当我们饿了，就好好吃饭；当我们困了，倦了，就好好休息。我们只需要亲身体验生活就很好了，为什么还要考虑许多和当下生活无关的事情呢?

曾经在与某位朋友聊天时得知了他的近况，他说自己最近过得非常安宁平静。但从他的神情来看，这种安宁不过是一种假象。我们往往自以为的安宁，其实是没有任何深厚基础的。如果突然遭遇暴风雨侵袭，很容易就会垮掉了。

世间最具有价值的乃是人的意志。就好比在一个故事里说的那样，一个立志求学的人向老师坦言自己害怕很多东西，怕自己苦学多年后依然毫无建树，他的老师却告诉他："你如果不去想着这些害怕的事，而只是用你的意志来坚持做事，那么你会发现，世上没有什么事情是值得你害怕的。"

禅门中经常说的"内在宝藏"就是我们的意志力。虽然意志力不是万能的，但它是我们成就事业、成就人生所不可缺少的。

灵训禅师在庐山归宗寺参学已有十三载，但他觉得自己毫无收获，便打算辞别师父，到远处继续修学。他的老师归宗禅师告诉他，任何一件事想要做成，都是需要内外部各种条件的。所以，如果我们眼前的事情没有做成，那不过是因为条件尚不成熟而已，我们不必因此而自怨自艾，更不必因此而否定人生。

在一个炎夏的午后，一个小学童坐在门槛边儿上打盹睡了过去，原本他是打算看书的。或许是因为年龄太小，终究还是没能抵御得了瞌睡虫。就在他睡得正酣时，他的老师从这里经过。小学童听到脚步声慌忙睁开了眼，但他的老师却连声道歉。为什么呢？睡眠是正常的生理需要，顺应着正常的生理需要来生活，这才是真正的大道。

3. 没有好的，也没有不好的，只有正在发生的

何为心的迷惑？就是处处以“我”为中心，时时都横亘着一个粗重的自我。而禅的智慧则是破除自我执迷障碍的利剑。

什么叫作真正的开悟？我想能够在穿衣吃饭中寻找到自由，在日常生活中体味到禅意，这就是一种开悟了。开悟从不是结束生命之后才能获得的，它就是每一个当下。

不论是觉悟的人，还是未觉悟的人，他们饿了的时候都需要吃饭，冷了的时候都需要加衣，无论他们的精神世界如何发展，总还是不能离开生活的。

我们经常犯的错误就是，总是把真实的生命体验以理智之刀切割成碎块，硬要分出这个是好的，那个是不好的。在禅的世界里，没有好的，也没有不好的，只有正在发生的和当下所承受的。

一个行人在路过江边时，看到一个船夫把停靠在沙滩上的船只推向江里，船上坐着一位老人，不远处走来一个禅僧。他问道：“船夫把船推进江里，把沙滩上的蟹、螺等压死了许多。这是船夫的过失，还是乘客的错误呢？”禅僧说：“他们都没有过失，错的人是你。”在我们生活中是不是也有这样的人，专门留意他人的不是，不仅非常留意，而且还把别人的过失当作了自己的困扰。这是不是很愚蠢的行为呢？

有一位年事已高的出家人，正在烈日底下晒香菇。一个年轻的香客说："您这么大年纪了，我来帮您吧。"老和尚摆手说："可是你又不是我，不能事事替代我。"香客又说："那也不必在这样热的天气里忙碌啊。"老和尚说："这么好的天气不晒香菇，那要等到什么时候呢？"生活是要靠着每个人自己去实践的，而且，这种实践是不能等待的。当我们懂得何时跑起来、何时停下来时，还要明白有些事情，是不能等待也无须等待的。

不论这个世界如何，对于那些能够在寻常生活中不断发现、不断生出新鲜感受的人来说，他们的生命境界，就是要比其他人更上了一个层次。

我们的生活需要不断去观察，我们的生命需要不断地打开，而唯一的办法便是，时刻保持着内心的清澈宁静。所以，每当外境有变动时，我都告诉自己说："我还有更重要的事情要做。"这样，外境的变动，也就不会影响到我了。

4. 人生所有的际遇，都是我们自身能量的外现

人最大的愚钝便是不肯正视问题，不敢正视困境。我们总有一天，要直视生命中的一切问题和困境，并且要解决它们。以禅的智慧来看，其实一切问题，无非都是心的问题，回归到本心上来，再

去解决问题，这样效果会好得多。

现代人的一些身心问题，无非是因为心理失衡所导致的，一般来说，如果以禅的角度去看待这种身心失衡，敢于面对这种身心失衡，那么这些身心问题并不难解决。因为禅就是教给人正视一切的勇气。

当我们身上能够深深地体现出吸引他人的那种能量时，自然就会有人聚集到我们身边。我们带着怎样的能量，就会吸引来怎样的人。所以，别再抱怨自己的际遇了，人生所有的际遇，那都是我们自身能量的外现。

中国唐代时有一位南泉禅师，他对李翱说："我在小玻璃瓶中养了一只小鹅，经过一段时间的喂养后，它渐渐长大并且没法通过瓶口跳出来了。现在，既不能打碎这个瓶子，也不想把鹅弄伤，我该怎么做，才能把鹅放出来呢？"李翱正在沉思时，禅师大喊他的名字。李翱惊愕地回应了一声。南泉禅师说："看，这不就出来了吗！"这个故事是想告诉我们，在很多时候，我们是被自己绑缚起来的，画地为牢。这种体验，便是执着。而一旦我们从自己的固有思维中跳出来，那便挣脱了身心的束缚。

某一天，石巩慧藏禅师正在厨房里做饭，马祖道一禅师走进来就说："你在做什么？"石巩禅师说："放牛。"马祖又问："怎么个放法？"石巩禅师说："如果牛想撒开腿跑，我就去牵牛的鼻子。"马祖听了就很欢喜地说："你说得很对！正是这样啊！"你以为他们真的在谈如何放牛吗？他们谈的是如何对治自己的烦恼。当烦恼出现，不要先去抱怨，而是先抓住关键。处理任何事情，都应该如此。

一个人的内在生命和精神，才是有别于其他人的本质特性。我们真的没有必要妄自菲薄或妄自尊大，每个人都有他自己的光芒，又何必与其他人攀比计较呢？

要成就事业，确实需要进取的精神。但要成就比较圆满的人生，则需要我们能进也能退。马祖道一禅师就曾称赞隐峰禅师，能进亦能退，是一个真正活出了人生境界的人。

曾经有人提问："九峰山中可有智慧的宝藏？"此地的居民说："当然有。"那人又继续问："那么九峰山的宝藏是什么呢？""这里的石头，大的大，小的小，它们都有各自的好。这便是了。"这如同哑谜一般的禅机，正是要告诉我们：石头不论大小，都有各自的好处。这就像人一样，不论事业做得大，还是小，都有各自的好处。如果我们明白这个道理，还怎么会自卑呢？

5. 当你抱怨生活的时候，其实是在肯定苦难

不论你是如何消极悲观地看待生命，否定生命，其实这都是另一个角度的肯定。你否定了生命中的苦难波折，其实正是对慈悲喜乐的肯定。由此看来，禅便是教我们另一种形式的肯定。

每个人都会有心灵脆弱的时刻，不过，禅的智慧告诉我们，当身心脆弱时不要怕，只要把目光转向其他的地方就可以了。我们不需要凡事对抗，而我们要做的，就只是学会适时地转换方向。

切记，我们要做的不是对生命进行诅咒和可怕的控诉，不要一直对生活抱怨，不要经常对生命说“讨厌”，虽然我们对自己未来的生命一无所知，虽然这个世界上有许多事情让我们不得不选择悲观，但从禅的智慧中我们应该得知，世上没有绝对的好坏善恶，因此，我们还需要那么悲观吗？

有人说他在生活中看不到有什么幸福快乐存在，对于这个问题，就好比盲人看不到太阳，但这并不能说明太阳就不存在一样。无论悲观的人如何否认快乐是真实的存在，从禅的角度来说，这都是另一种方式的肯定罢了。

悲观的人一味地谈论自己遭受了多少苦痛、遭遇了多少磨难，而乐观的人却认为曾经经历过的苦难、伤痛磨炼出了自己坚强深沉的性格。从禅的角度来看，无疑，后者是更智慧的，他们也最容易感受到生命的快乐。

当我们放眼望去，人类历史上的那些伟大人物，他们都是在个人的命运中经过了勇敢的拼搏才取得一定成就的。禅学中也讲因果，那些承受苦痛的因，造就了日后取得成就的果，这有什么难理解的呢？

如果，你从来没有品尝过失败的滋味，你又如何能收获成功的喜悦呢？这个道理再简单不过了，以禅的角度来看，你不曾经历过忧愁，又如何能体验真实的人生呢？

当代社会中，人们最缺少的是什么呢？其实我们并不缺少奋斗的动力，而是缺少慢下来的勇气。跑累了，就要停下脚步，让身和心都休息一会儿。这才是真正智慧的生活。只知道一味地向前跑，你以为这是勤奋，实际上，这会把生命带入一个恶性循环。

法演禅师说：“当用双手捧起水时，月亮便在水中倒映出来；当把鲜花握在手中时，芳香便会沾染了衣袖。”当我们的内心充满了善意，就连生活境遇都会得到改善。

梁武帝问达摩：“不论是建造寺院、倡印经书，还是供养出家人，我都非常用心，你看，我的功德得有多大？”达摩却很坦白地说，这些做法，没有任何功德。对于已经忘记初心的人来说，以后他不论做什么事情，有多么用心，他都是把自己拖入了无止境的贪求之中。最初是为了信仰，最后却可能只是因为贪心。

古时候，曾有人问东禅契讷禅师：“很惭愧，我对自己的心性不了解，恳请您能给予指点。”禅师说：“你为何要惭愧，而不是因此而感到庆幸呢？”老禅师的话很有深意：只有一个人意识到自己有所不足、有所不懂时，他才会有所努力，有所进步，所以，我们应该感谢自己的“无知”，正是因为我们知道自己无知，才不会停下探索的脚步。

6. 所谓的束缚，都是我们强加给内心的

由于我们自心的无知，我们将自己陷入一种挣扎的困境中，而禅的风骨则让我们明白，所谓的束缚，都是我们强加给内心的。

在生活中过分地强调自我，就等同于将自己投入了牢笼，而这个自我牢笼是世间最难突破的东西。静下心来去想，我们从生到死，似乎大部分时间都活在了自我的牢笼中，但其实，我们有很多次机会，可以从这个牢笼中跳出来。

爱，本来是人类的天性中最美好的情感。可一旦我们决定把所爱的对象占为己有时，爱便成了束缚。爱若没了自由，它就如同失去空气的花朵，终会凋零。

一个真正的艺术家，应当是活在当下，活在自由中的。唯有这样，他们创作出的艺术作品才契合禅的精神。比如王尔德，他称得上是一个伟大的艺术家，可他太执着于结果了，因此他的作品就缺少一种禅的精神。

许多人之所以活得不自由，是因为他们经常陷入非此即彼、非黑即白的二元对立思维中。可是以禅的智慧来看，世间万事都有一个由此向彼、由黑向白的转变过程。

以禅的风骨来说，我们解决生活中的一切问题，是要从自己的生命经验出发，而并非源自书本知识或者他人的传授。

禅让我们追求那种真正对生命具有启发性的东西，因此，任何

刻板和教条，都不是禅的本意和真实面貌。

真正的自由就是，打破自我牢笼，从自我束缚之中解脱出来，认识到他人与自己都具有同样的价值。这时候，固执的自我是不存在的，是被否定的，当自我走向无限时，自由就在我们左右。

禅宗六祖慧能在年轻时曾被人讥笑为“穷乡僻壤来的岭南人，怎么具备觉悟智慧的能力”，慧能当即反驳说：“人有南北的区分，可觉悟智慧的能力，却不会因为地域的差别而有所不同。”那时慧能被认为是粗俗之人，可他却能出口不凡。这是不是也提醒我们，千万不要轻视身边那些看似不起眼的人呢？

有个求道之人，他总是不断地向外求索，后来他发现，不论是修行，还是治学，这感受都好比是饮水一般，是冷是热，只有自己才能清楚。只有把目光转向自己的内心，重视自己的内心，这才有可能把事情做好。

慧能禅师见两个和尚在争论，一个说：“旗子飘动，是风吹来的缘故。”另一个说：“风没有动，是旗子在动。”慧能禅师却说：“旗子没有动，风也没有动，而是你们两人的心在动。”在很多时候，我们都极少察觉到这个道理：外部环境如何变化，与我们有什么相干，如果专注地在做手头的事情，又怎么会关心是风动还是旗动呢？可见，那些真正的成功人士，他们可能不懂禅理，但他们却能活在专注之中。

我们的生命，需要的是一种自觉的状态。每个人总有灰心失望的时候，当我们觉察到这种状态，并且告诉自己“这不过是个短暂的存在”，那么我们就能够很容易地从这种状态中走出来。别指望着有谁能够拯救我们，自己的生活，为什么要靠着别人来操纵？

7. 不让自己活在评判里，身心自然会自由

何为真正的自由？带着一颗禅心，活在当下之中，只要亲身体验生活就很好了，就不要再执着地做出种种评判了。不让自己活在评判里，身心自然会自由轻松。

正如同我们无法终止呼吸一样，我们也无法停息内心的种种念头。不仅如此，我们还经常对这些念头做出好坏的评判，但是在禅的世界里，一切念头生起之后就随它落下，不做评判，才是最明智的做法。

当我们被自己的欲望焦灼身心时，当我们被各种贪求缠裹心灵时，我们需要用禅的清泉来清凉自己，清醒自己。

禅，从来不对我们的生活做任何解释，也不会做出长篇累牍的陈述和归纳。

禅是生命的微笑，并不是说让我们对生活中的阴云视而不见，而是当阴云密布时，我们也能看到这阴云背后的阳光。

就禅的精神来说，每一个人的内心世界绝对是自由的，但前提就是在生活中的每一个当下进行观照，破除烦恼。

当一个人能够以禅的精神、禅的风骨面对生命中的每一个当下，那么他的修为就到家了，他的生命才真正是归他自己掌管。

使心灵保持在一种开放而觉醒的状态，是为了对生活和事物保有持续的热情，并且能够从中获得与以往不同的观点。如果不这样做，那么我们的生命就永远是故步自封的，那么又何谈充满意义地去生活呢？

8. 全身心体验生活，
它的苦，它的甜，都有诗意

我们的生活不需要做出种种解释，而只需当下承担便是，生活就是接触事实。

在生活中，我们需要做的就是在当下亲身地体验它，这就好比两块明亮的镜子彼此反照一样，我们从生活中总能“看到”自己。

我们不可能依靠别人的指示来体验自己的生活，而只能靠着我们自己亲身来感受生活的苦乐。禅认为，我们追求的自由其实一直都在生活里，只是要等我们自己亲身去感知，而不是靠着他人的经

验来安排自己的生活。正是禅的存在，才使我们能够诗意地生活下去。因为禅便是生活本身。

有人说："那些禅僧只是日复一日地打坐，喝茶，吃饭，睡觉，这不就是一种因循守旧的生活吗？"但是我要说，一个人的生活是守旧还是创新，其实并不体现于外在形式。

我们看问题，太容易局限于表象，所以我们就会感觉到很多的不自由。可是，一旦我们丢弃掉那些非根本的东西，直接去接触问题的核心，那么很多事情便可以迎刃而解。但关键的是，我们需要先把那忙乱的心给平定下来。

古时候有位禅僧说："人的痛苦，根源在于欲望，如果消除了所有的欲望，人也就没有痛苦了。"另一位禅僧听后却说："人如果没有了欲望，就不吃饭不睡觉了，如此岂不是违反自然大道？性命都可能不保，还谈什么修行？"所以你们看，欲望也并非都不好。合理的欲望，我们又何必剔除掉呢？有了欲望，我们才会有做事业的动力。可见，欲望也并非是坏东西。

禅宗中总说"活在当下"，这个当下，是一种心态，更是一种行动。但最关键的是，我们在当下是否真的尊重自己内心的想法，而不是嘴上说一套，心里想一套，行动又是另一套。

曾经有人向一位禅师请教："禅是要坐出来的吗？"禅师说："禅不在坐。生活中的任何事，都是禅。坐久了不过就是劳累身体而已。"这其实是说，生活中的任何一件事，都能带给我们关于生命的感悟以及对人生的感受，只看我们的心，是不是足够敏锐了。

尽管物质生活很重要，但我们也不能丢下自己的精神生活，我曾见过许多年轻人表情茫然，眼神空洞，这就是因为他们忽视了内心世界的建设才会变成这样。

9. 按自己的意愿过一生，因为你值得用一辈子去赢得做自己的权利

所谓带着禅心去生活，就是要在眼下的生活里注意自己的每一个心念，清净自己的每一个心念，只有对自己的心念负责，这样才能够真正地成为自己心灵的主人。

我很奇怪，为什么有那么多人对死后的世界很好奇，却不肯好好地经营活着时的日子呢？

做自己心灵的主人，就意味着我们在现实生活里的每时每刻都要熄灭心头的贪欲、嗔恨和痴念，净化自己的每一个意念。

物质上的享受，只会越用越少，唯有心灵的自主自由，才是最真实的幸福。

人生，其实很被动，在很多时候我们无法自由自主地选择自己的生活，这是受外境所限，没有办法的事。但是，我们的精神世界却可以自由自主，只要你有一颗禅心，只要你觉悟到，精神上是

否独立与物质上是否匮乏是没有必要联系的，所以，尽管人生很被动，但我们却是可以很主动的。

平心去想，我们生活中所有的问题、矛盾、不痛快，都是缘于我们过于执着自己的主观看法，如此便有了烦恼和苦痛，看来，这都是我们自己制造出来的啊，也真是自作自受。要解决掉这些烦恼，别人是无法替代的，我们只能自己去解决。

首先应该感恩一切众生，如果不是因为有了他们的存在，我们就不会在与他们的交往过程中产生烦恼，正是有了烦恼，我们才想到要让自己平静下来。看，这样一想，是不是觉得，那些曾经惹恼过自己的人也瞬间可爱多了。

在禅的世界里，所谓了悟到自心的本质，实则是要排除掉影响我们内心平和的种种执着和迷恋。

禅学中所谓的“空”，是要把一切的妄念和执着清除干净，然而，在清除的过程中，又不会刻意地去想“我在清除执着”。这就好比，我们帮助一个人，却在帮助他的同时不执着于“我在助人为乐”，这样我们就会身心轻松自在。

要想成为自己心灵的主人，那就要看住自己的心。这就像我们在日常生活中，要主动去整理房间、扫除灰尘一样。我们心灵上的污垢，也应该时刻拂拭。

人，最宝贵的就是生命，有了生命才能有一切，而禅，就是滋养我们生命的源泉，如果没有它，我们的生命就将是一片孤寂。

当我们说，我们是自己心灵的主人，就是承担起人之为人的巨大使命，我们要让内心和谐，就必须善待生命中的一切，时刻净化自己的内心，时刻走在向善的道路上。

在生命中，实实在在能够把握的就只有当下这一念，如果错过了当下这一瞬间，那便意味着又失去了一个体悟禅意禅味的时机。因此，我们永远不要以为虚度光阴没什么大不了的，只有将死之人才会对自己虚度人生而痛悔，只有过好当下这一瞬的人，才有可能体察到禅的志趣。

当你看到别人沉浸在禅的喜悦中时，千万不要觉得疑惑或者盲目羡慕或嫉妒，因为你也有能力让自己沉浸在这种喜悦之中。

真理比生命重要，智慧比小聪明重要，可是反观我们生活中，竟然有那么多人如行尸走肉一般地活着，这真是令人吃惊啊！

禅的精神中所说的“无心的智慧”，就是要我们荡尽心头一切的恶知恶念，斩断所有的执着和攀缘。

人身如此宝贵，生命如此短暂，既然我们能够认识到生命的可贵，那就应该把时间用在有意义的事情上，比如当你将要发怒时，及时地控制了情绪；或者管好自己的心念，不要天天都带着负能量。这些都是对自己、对大众极有利益的事情，做好了这些事情，我们才算是没有浪费自己的生命。

有一天，道谦找到他的好朋友宗元，希望宗元能够帮他开解难心的事。但宗元却说有几件事情是无法帮他的。比如吃喝、行走、睡眠等，这些事情是无人可以代替的。道谦想了想，便安心地去做自己的事情了。此刻他的内心非常平静，之前的浮躁已荡然无存了。其实我们也知道，朋友虽能够陪自己一时，却无法替代我们来生活。所以，踏实安静地过自己的生活，远比动辄就求助于人要来得开心。

这世上的任何一个问题、一件物品，都具有两面性。只不过，真正智慧的人能够看到这种两面性，而悲观的人却只看到了不好的一面。有时候，信心和勇气并不是靠着别人给予的，而是靠着自己给自己的，所以，还得把眼光给放开些才好。

10. 努力如果用错了方向，将一文不值

马祖在南岳般若寺时，每天都在打坐，当有人问起，他便说在参悟那至高无上的智慧。于是，怀让禅师就拿着一块石头在那里磨。马祖好奇便问他原因。怀让说，这是要把石块磨成镜子。见马祖困惑不解，怀让就说："石块不能磨成镜子，那么天天的枯坐，就能领悟到智慧吗？"要做什么事，都需要用对方法，我们现在口头上说的"努力"，很多时候只是一个形式，我们的努力如果用错了方向，那么将一文不值。

生活，都是需要勇猛精进之心的。只有当我们用手摘下鲜花奉献给人时，这时候手的存在才有意义；只有我们用自己的脚来走

路，过桥，渡河，这时候脚的存在才有意义。

我们应该保持一定的忘我状态，将自己与生活隔开一些时间，保持一点距离。这并不是要逃避生活，远离人间，而是当自心安静平定时，能够以更有创造能量的生命力来面对这个世界。

在生活中，我们要用一种清净观来指导自心，虽然这世界上还有许多不够温暖、不够光明的东西存在，但我们却可以让自己变得光明温暖，就像那些帮助、利益众生的觉悟者那样。

真正的身心安定，不是枯坐，也不是寂静，正相反，它应该是在我们活动时就能体现出的一种状态，在行动时，在所见所闻时，在思维记忆时，都应该保持身心的安定状态。我们看那镜子，不论外物是否在它的照射范围，都不会影响它具有照射物体的性能。同样的，真正的安定状态就是：不论是坐还是行，还是做其他什么事情，都不慌不忙，心中清楚明白，这样的生命状态最好了！

最佳的生命状态无疑就是，能够在困境中保持禅者的智慧和安定，进而顺利地渡过人生中的一个个困境。

不论我们生活在怎样的环境中，遇到怎样的事情，都不应该让自己的心念被外境所污染。比如，当我们的事业遭遇瓶颈时，当我们被生活中的不如意围绕时，我们都不应将自己的心念黏着在外境上，而应保持着一份淡定平和。

生活在南宋时期的妙祖禅师说他在思考问题时，他的注意力非常集中，几乎到了感觉不到饿，感觉不到困，既不分昼夜也不辨东西的地步。当他的所有精力都放在思考问题的方面时，便不觉得外界有什么事情会干扰到自己了。所以说，有时候我们做事情没有取得理想的效果，真不能把责任都推给外部环境，如果我们的专注程度也能如妙祖禅师这样，那么或许，我们的工作成效便可大幅度改善了。

11. 对自己诚实些，直视自己的欲望

禅是一种敢于承担的勇气，正是这种勇气，让我们能够成为自己，而不是其他的什么人。人们都有独立性，不论是修行还是做事业，我们首先要做的是认识自己，然后才能成为自己。

人最幸福的事情，就是回家，尤其是回到我们内心的家。那种踏实感是无人能给的。回到内心的家，就是找到了真实的自己，在这之前，我们要做的就是暂且把目光从物质欲望上收回来，先去观察自己的内心。

随时随地去显现自己的个性，让自己显得与众不同，这种想法当然是幼稚的，因为每一个人都是“与众不同”的，而我们自己的个性又有什么好刻意显露的呢？

对于没有禅心的人来说，当他看到了美好的事物便迫切地想着如何占有，而有禅心的人想的却是，如何创造出更多美好的事物。

有人因为欲望无法实现而憎恨，有人却因为看到了欲望背后隐藏的真相而走上了另一条道路，前者我称之为愚者，后者才是真正的禅者。

理智化的作用，并不足以使人们摆脱欲望的干扰，从欲海中脱身，但如果你能通过欲望看到自己的真实想法，那么这就是一个很好的开端。而禅，正是教会我们如何通过欲望看到自己的真实想法，对自己诚实些，直视自己的欲望，往往比压抑欲望更要有智慧。

人心最大的困扰便在于，既能够创造出各种各样的条条框框，也能被这些自心的创造物给束缚住。人们把概念看作实体，又被概念捆绑了自己，直到在禅的精神境界中才终于了解到之前的愚痴行为。可是，并不是世间的每一个人都能接受禅的精神，因此，这世间活得不自由的便大有人在了。

如果心完全失去了生命的内在活力，那么我们不过是行尸走肉一般，但遗憾的是，这类人有很多且不自知。可是，在真正的禅者看来，这些人依然并非是无药可救，因为在禅的世界里，没有谁是不可自救的。

禅如实地接纳一切事物、一切存在，于是，原本存在的矛盾便毫不费力地解决掉了。真想告诉那些在问题面前钻牛角尖的人，接纳才是解决问题的开始啊。

有一个四处流浪的穷人，他总说自己身无分文。某一天，一个很有智慧的老者遇到他时就说：“你有一样宝物，是谁都夺不走的，可惜，你根本没有发现而已。”这个流浪汉就问：“这是怎样的宝物呢？”老者指指流浪汉的心和头脑说：“胸中的信念，对生命的感受，便是你的宝物，如果你真的发现了它们，生活早就有了改观了。”其实我们很多时候也是如此，以为自己一无所有，其实只是没有发现自己的宝藏是多么的弥足珍贵。

12. 避免在身心发狂的状态下耗尽自己的能量

不得不提到的是，每个人都有着十分强大的精神力量，但如果我们的精神力量经常处于激烈爆发的状态，比如生活中常见的争吵和发怒，那么我们的心灵就会失去平衡，我们就会患上身心疾病。而禅，却是让我们从另一个角度看生命，去肯定生命，从身心失衡的状态中走出来。

生命中总有一些令人困惑的难题。面对这些难题，我们不应该消极对待。我们要做的不是发狂般地高呼“讨厌！讨厌！我不要这些麻烦”。这种对生命的完全否定，只能带给人们最黯淡的生命前景。我们要做的是把握好心理平衡，平稳地渡过危机。

世上所有走上成功顶峰的人，都要经过一番勇敢奋斗，要经过苦痛的剧烈挣扎。谁能在伤心落泪的时候坚持下来，谁的路便能走得更远。

生命中的许多难题其实很难得到最终极的解决。但在解决问题的过程中，我们却能得到不断的成长。生命从来就不是盲目的奋进，而是一个逐渐克服困难的过程。

有一位弟子向师父求学，三次求学却挨了三次打，旁人替他抱不平，但他反而更敬重师父。因为他知道，世间一切珍贵的东西，都不会轻易地得到。如果我们能有这样的智慧，恐怕也就不会在问题面前怨天尤人了吧。

该做什么就去做什么，永远不要计较，不要想得太多，不然就会落入思想的罗网里而不得自由。

人类所有痛苦的源头就在于无知。我们试图冲破枷锁，但这枷锁又在哪里呢？它就在我们的内心中。如果要突破的话，那也应该是向内在去寻求啊，何必咒骂和抱怨生活呢？

当我们点燃了内在智慧的明灯，内心的黑暗就会被驱散。把黑暗转变为光明，这其实不过是我们主观心念上的一个转变。

如果不从肉欲的迷醉中走出来，我们势必会把自己的生活给搞垮。身体的享乐就像一剂毒药。一味贪多，对身心毫无益处。

不论你是一个普通人，还是一个比较有觉悟的人，谁都无法逃避生活中的自然法则：饿了就要吃饭，冷了就要加衣服。一味地追求物质那是将自己拖入欲望的深渊，可一味地否定物质，那岂不是无法生存了？

13. 别给生活下定义，你要做的是观察和享受

如实地把握生命的核心，就要求我们做一个生活的观察者，然后以最为直接生动的方式来感受生命带来的喜悦。

不论你是忙于谈生意，还是忙于家庭琐事，这都不妨碍我们观察这个具有独创性的生命。在我们或忙碌或安闲的时刻，若以禅的眼光看待生活，那么平淡的生活也将充满喜悦和动力。那么禅的眼光又是什么呢？这便是，生命中的一切，总是处于变动中，因此生活总是新鲜的、充满活力的。

有多少忙碌又身心疲惫的都市人是困在了自己的局限里啊。

我相信每一个人都是清净的、善良的，都能自己创造喜悦并且把这喜悦传递给他人。

那些所谓的有信仰的人，他们认为的某些敬拜行为能够为自己带来福报，可这些行为在禅的角度来看，都不过是人为造作而已，只不过是说起来好听些。与其做这些人为造作的事情，倒不如随性做自己真正喜欢的事情更符合禅的精神。

我们努力地生活，踏实地工作，我们学习，工作，赚钱，恋爱，但这些都不能成为使我们身心疲惫的原因，因为这些都不应该时刻地执着。

如果你对生活有所观察，那么你会发现，生活中的任何一件事情，哪怕再微不足道，都能让我们对生命有崭新的认识。《浮士德》里说“感觉便是一切”，生活就应该是这样过的。不要给它下定义，也不要对它做出评断，因为生活就是用来观察和感受的。

有自我陶醉的工夫，倒还不如喝杯茶，看看窗外，感叹一下：“啊，今天过得可真愉快！”

其实我们应该这样，不去理会世人的论断，因为我们要做的，就只是静静地生活着就可以了。

某天，赵州和尚站在寺院里向远处眺望。有人就问：“您这是在做什么啊？”赵州和尚说：“在做一个人应该做的事情啊。”

说完他就走开了。一个人应该做的事情，莫过于做一个生活的观察者，赵州和尚懂得这个道理，所以他时刻都在观察生活，并因为这观察，而有了更多领悟，所以，我们的心，也要适当地停一停，做一个生活的观察者。

第四章

所谓理想的实现，就是把生活过成自己喜欢的样子

1. 人生无法面面俱到，但可以随时调整方向

觉醒的人，永远活在当下，他不因过去而懊恼，也不因未来而忧虑。在生命的每个时刻里，他都能成为自己命运的主人，也能用自己的智慧帮助其他人。他温柔地对待痛苦和烦恼，但痛苦和烦恼并不经常出现在他的生命中。

经常看到一些人，不专心做一件事情，总是“此山望见彼山高，到了彼山没柴烧”，在耗费精力之后，却还说命运对自己不公，到头来没有任何回报。其实，他们真正应该扪心自问的是他们自己。

生活里的苦，只有通过自己的觉悟和行动才能得到解决。与其抱怨痛苦，还不如先来挖出痛苦的根源，当我们找到了痛苦的根

源，找到了对治的方法，不仅能够解除自己的苦，还能帮助他人，这样去想，还真是每一个生命都有他独特的意义呢！

人生时光有限，我们的精力也有限，谁都做不到面面俱到，而生命也无须如此！只要我们对自己选择的事情有明确的目标，知道意义所在，尽力去做就可以了。那些妄想把什么事情都做好的人，不过是贪心太重，外加那么一些的自以为是，他们只是贪多，却未必真的能把每一件事都做好。

有一条小鱼，经常想去浩瀚的大海之中。它遇到一条大鱼，就向大鱼打听去大海该朝哪个方向游。大鱼非常惊讶地说："你不是一直生活在大海中吗？"小鱼觉得很委屈，它说它从来没有感受过大海。大鱼带着不可思议的表情游走了，只剩小鱼还愣在原处。我们和这小鱼就很相似，明明都在生活中，却还想在生活之外另寻人生。可生活就在我们眼前，我们却将它荒废掉了。人总是这样，对身边真正有意义的事物采取忽视的态度，甚至到失去的时候都不觉悔恨。

一个人，如果他什么都想要，那么最终他必然什么都得不到；如果他什么都想做好，那么到最后他必定会什么都做不好。而那些把心专注于一件事上的人，看起来，他们在有限的人生里只做了很少的事，但至少每一件事，他们都做得很出色。到底谁的人生更有意义，明眼人一看便知。

人要学会自我肯定，也要学会自我消融。我们生活在各种人际关系中，于是便免不了站在自己的立场上，用自己的价值观来评价他人的言行和思想，用自己的想法对他人进行揣度。于是我们和他人之间的误会、摩擦便在所难免。人太强调自我感受时，就会犯下这样的错误。禅认为，在肯定自心的独立之后，就要消融到众生之中，就是说，既要保持自己的独特性，也要尊重他人的独特性，当自我意识完全消融后，也就很难再与他人起纷争了。

有位医师非常仰慕南隐禅师的宗风，几次三番地要去学习禅法，可南隐禅师就是不肯传授给他。旁人问原因，禅师便说："他作为一个医师，只要照顾好病人，便是在修禅了，怎么能抛下责任而专门到禅院里来呢？"这个医师知道后，内心非常惭愧，他不再往深山里跑，而是一心一意地照顾病患，以至于他忘记了自己的烦恼和悲喜。如果一个人只为了断自己的烦恼就放弃了责任，那他怎么参禅都不会有所成果。但当他为了别人而忘记了自己时，烦恼也就不存在了。他连自己都能放下，更何况是生活中的悲喜呢。

曾经有个脾气粗暴、贪求很多的人求禅师收他为徒，他说禅师这里地方清净，没人惹他不快，他这才能安心生活。禅师只是派人给他递来一封信。禅师说，如果你随时、随地让内心清净，又何必住到深山之中？如果你时刻都心生欢喜，又怎么会有人惹你不快呢？不要把清净喜乐的因由推给外界，因为他人无权对你的生命有所承担。不论你是在工作坊还是在家庭，真正能左右自己内心感受的只有你一人而已。

历辈先贤所流传下来的教法，只是帮助我们消除心头妄想的方法，具体如何实施，收效又能如何，还要看各位自己如何做。就好比我们身心病痛，医生给拿来了药，但如果我们不服用，那身心上的病痛还是不会消失。这之前有人说，他天天都听禅师的讲座，可心里依旧烦恼很多。你只是听了却并没有实际行动，那么这和生病后不吃药却妄图身体痊愈，又有什么差别呢？

一个真正生活在禅中的人，实在无须懂太多哲理，只需懂得“放下着”，便足矣！在我看来，这三个字可真是金玉良言，不仅要放下恶的心念行为，就连善的心念行为也要放下，不仅要放下一切欲求和颠倒妄想，而且还要放下各种理论学说。有的时候确实不是别人给我们找了麻烦，也不是生活故意与我们为难，而是我们想得太多，学不会放下，也不知道该放下什么。一言以蔽之：凡是让我们身心困重的，就都应放下，无论是善是恶，放不下的那便都是挂碍。

世间万事万物都有着各自的运动规律，我们要做成一件事，只能随顺规律、法则，如果有谁觉得他自己事事都可做得了主，以至于不顾内外条件，想怎么来就怎么来，那么这无异于是痴人一般。如果照这种片面、狂妄的想法去办事，那必然是行不通的。但遗憾的是，我们身边这种痴人很多，比如不顾自身能力和外在条件就以为自己什么都能做，最终只能落个被人笑话的下场。

过于安逸的生活会让人精神涣散，意志薄弱，缺乏勇气，因此人们每天尽量做些体力劳动，不仅锻炼身体，而且还有助于将涣散的精神集中起来。但许多人却鄙视体力劳动，认为这是粗鄙者才做的事。世上的事哪有尊卑之分，只要是劳作，就必然有其意义在；只要有意义，人生就必然是充实的。从这一点来说，世上没有卑微的事情，只有不平等的世俗观念在作怪。

但凡人有一点儿向善的心，有一分向上的念，就能在困境之中找到出路。可为什么还有那么多人宁愿被困在原地等人救助，也不肯自己努力寻求出路？这就是人的惰性！因为这种惰性的存在，有些人再不可能从困境中走出来了，他们既然放弃了自己的人生，还能指望着别人来为自己的惰性埋单吗？

不要觉得自己目前能够完成的事情太少就很自卑，若是心量不断扩大，做的事情也能积少成多。人生虽无法面面俱到，但能通过努力实现自己的理想就是很了不起的人了。你无须仰望那些站在金字塔尖端的人，要知道，他们也是一步步爬上去的，他们也只是专注于手头的事，把一件事做到了极致，才能得到如今的成就。难道有谁见过同时爬两座金字塔的人吗？

佛光禅师对他的一个弟子说："你来这里已经有二十年了，怎么不见你来向我提问呢？"这个弟子说："我是担心您太忙了。"佛光听完便怒喝道："难道你不知道，我也可以为你而忙的吗？"这个弟子听完后便有所领悟：原来每个人都是靠着互相付出，才能结成一体的。

2. 所谓理想的实现，
就是把生活过成自己喜欢的样子

理想是没有高低之分的，但只是空口畅谈自己的理想，却从来不为理想付出一点汗水的人，就未免会叫人轻视了。这种人是明显地提不起心念来，说得再直接些，就是对实现理想并不是特别在

意。所以，他们最后无所成就，那根本就不奇怪了。如果你要做一个工作的禅者、生活的禅者，那么从当下开始，请努力，请实干，请少说些话，请多多地充实自己的心灵。

如果你真的累了，那么就先停下来，问问自己现在做的这些事情究竟意义何在。你能说服自己继续走下去，那么不论未来遇到多少困难也必然能坚持下去。如果你连对自己的肯定都不能做出，那么就请停下手里忙着的事吧，你不可能成功的。就像那个一直坚信自己不可能有所成就的禅僧一样，他的人生最终被自己的胆怯和动摇扼杀掉了。

需要的少而想要的多，这就难怪我们的人生如此困重了。那么到底什么是我们需要的，什么是我们想要的呢？不妨在纸上写下来，离开哪些东西我们的生活便无法继续正常运转，这一部分就是需要的。那么对于我们想要的该如何处置呢？如果是一个懂得生活之道的禅者，他肯定不会用这个问题困扰自己了，因为他的心思都用在如何更好地利用生活必需品上了。

对于那些反反复复，一直在犹豫的事情，我们到底是干脆放下，还是打起精神去完成呢？如果让一个禅者回答，那么他会说："放下吧，因为，如果真的是自己喜欢的事情，真的是自己想完成的事情，那就不会这样犹豫拖拉了。"这个答案，送给那些在迷茫中徘徊的人。

自己走过的路才是路，因为这条路上记录下了你走过的每一个脚印，这些脚印是无可替代的。禅宗里有一则公案，是说一老一少两位出家人四处参访，小和尚嫌路远，执意要师父背起他走一段路。禅师便说："那么这段路，是算你走过的，还是我走过的呢？"小和尚这才老老实实地跟着禅师远行了。在人生成长的道路上，哪怕是一分一毫，也无人可替我们行走。

人们最关心的话题应该就是如何在日常的生活和修持中，修出一颗不执着、无挂碍、不动摇的心。说实话，这个没有捷径可以走。即便是以善巧方便著称的禅，也会直接告诉你：但去老老实实地生活，遇到对手了，就对人家说声"谢谢"；遇到困难了，就想应对的办法；遇到伤害了，就从伤害中找到可以吸取的养分；如果失去了什么，就想到得失总是平衡的，还是期待着自己会得到什么更实际。就抱着这样的心态来生活，别管前路如何，至少当下你是安宁的。

你看那满天星斗时，应该想到人生虽然会有很多挫折，但它依然能够反射出光芒，就好比夜晚的繁星；你看到潺潺溪水时，就该想到时间如流水一般，去而不复返，所以自己更应该珍惜当下的时光；看到了清晨阳光中盛开的花朵，就该想到生活是这般绚丽，充满无限生机；看到亲友脸上的笑容，就要想到自己的生活虽然普通，却也自有一番乐趣。

生活中总不免会遇到一些喜欢夸耀自己财富，对自己的容貌或地位很痴迷、很自恋的人，如果你遇到了这样的人，可千万不要因为他们那不得体的言行而生气。你要知道，这些人的日子过得可能并不如你那般幸福，如果他们真的很幸福，很快乐，又怎么会表现出种种粗鄙的言行以及炫耀自己的态度呢？

犹豫便是对未来生活的担忧，这是一种不确定、不明朗的态度。正是因为我们对后果有所担忧，所以才不能放开手脚做事，于是，事情就真的做不好。如果从一开始，我们就勇敢地承担起未来的结果，只从当下入手，或许未来的事情就会顺利得多了吧。

当然，聪明人从来都不会贸然做出决定，这是一种对工作负责任的态度。但是，如果为了某件事情、某份工作而反复犹豫，纠结辗转，那么就说明做这事的时机并不够成熟，那不妨先放下它，先安静地观察它会发生什么变化。禅，虽然提倡果决、承担，但也不同意如同莽夫一般的蛮干。在进退之间，还是要保持着一些分寸的。

如果把犹豫的事情一直放在心上，那么必然会成为心头的挂碍。如果这个挂碍一直都放不下，那么我们原本能够得到比较圆满的结果，也会因为自己的挂碍太多、太重而大打折扣。

从前，有个从事清洁工作的妇人，负责打扫街道，十分勤劳。可是，人们都讨厌她，觉得她脏，总是掩着鼻子走过她身边。智者大师就说："人人皆赞美美丽清香的莲花，可如果没有淤泥的滋养，又怎么会有莲花生长呢？你们看到的只是一个人肮脏的外表，却忽略了她洁净的内心，这是多么可悲的事情啊。"

所谓理想的实现，就是把生活过成自己喜欢的样子。

3. 当人生走不下去时，记得换个方向

有个修禅的人，他听禅师说“一定要精进”，于是每天就像上满发条的机器一样，比其他人更加发奋。但禅师又说：“如果只是知道用功，而不知道做好规划，那不过是做个样子给人看罢了。”

所以，当我们想明白了，自己的“精进”到底是要做给别人看，还是自内心生发的力量，就知道为什么有些人看似忙碌却毫无成就，而有些人却一直走在别人的前面。

理想能够成就未来，但也可以毁灭现状。如果只是把它当作谈资，用来打发无聊的时间真是再好不过了。但如果是认真的，那就让自己行动起来。禅门有一个公案，就是说某个想开悟的人一直都在说他要如何去修行，可他只是吃吃喝喝。等到他在贫病交加中即将离世时，他依然说着：“如果再多给我一天生命，我一定会好好参禅。”在很多时候，我们是在“说”理想，而不是在“实践”理想。

与其大包大揽，承担下一堆自己根本不可能完成的工作，倒不如踏踏实实地，选择在自己能力之内的工作好好做完。

在工作坊的每一天、每一分努力，都是对自己的投入，没必要担心“如果不在这里工作了，之前那么卖命岂不是白费了”。你们看花园里的花、果园里的果实，如果没有之前的努力，又怎么会有花香果香？即便是落在了别人家，它们也不会觉得之前那般努力生长很可惜吧？努力是一种生命的积累，禅提倡的是努力始终

的人生。

忙与忙之间是有差别的。一个人忙而不乱，忙而不烦，这是一种禅的境界；但如果他不仅忙，而且乱，甚至不论是否真的在忙，都有很多烦恼生起，那就不好了。首先，要让自己停止这种毫无目的、三心二意的“忙”，这种混乱的忙碌对工作、对生活都没有好处。反倒是停下来，会更有帮助。

就大多数人而言，他们自卑的原因是看问题的角度太单一。比如自己能力一般，就只看到自己的这点情况；再比如自己外表不好看，那么就天天都会想着这个事。你会看到自己有不足，有缺陷，有毛病，但也有许多长处和优点。把缺点放大或者把优点放大，都不足以客观地看待自己，看待他人。

既要追求事业，有所作为，又不被名利捆绑，束缚，这个问题看起来似乎很难处理好。但是禅自然有其独特的见解。如果我们把有所作为理解为是奉献自我，服务众生，那么就不会贪求名利了，自然更不会被名利束缚。追求事业是一件充实又有意义的事情，更何况是为了更多的人而努力工作，这本身就是禅的境界。

事实上，许多追名逐利的人最后反而一事无成，但不求名利的人往往因为自己的言行确实出色，而备受推崇。这是否也说明了，一个人做事的心态、处世的态度才是最重要的呢？禅认为，越是迫切地渴求什么，往往越是求不来，求不来的，皆是苦的。

良宽禅师的外甥是个不务正业、只知花天酒地的人。良宽禅师回家看望外甥时，很多事情都要靠外甥帮忙。等离开家时，他就说："还是你们年轻人好啊，想做什么就做什么，我老了，连鞋子都提不上，还得辛苦你。"这个外甥听后非常惭愧，从此发奋读书，远离吃喝玩乐的生活。良宽禅师把一个年轻人带上了正途，同时也是告诉我们，要随时把握好自己人生的航向，不然等我们老了，就真的会一事无成，悔之晚矣！

如果你一直仰望的是一个错误的方向，那就别怪月光为何没有照耀到你身上。如果你在某种心念的支配下，一直都在走错误的路，但等到某一天清醒过来，那么赶紧掉头，人生还是有救的。一念迷惑，转念领悟，生活就是这样过的。

生活是一个舞台，人人都可以展现自我，是要做挣扎的困兽，还是做展翅的雄鹰，就要看每个人自己的能力了：不仅包括学习、工作的能力，也包括如何化解烦恼、面对困境的能力。前者，只要具备一定的资质，外加后天的努力就可以。但后者，却是需要更为长久的时间才能磨炼出来。

禅师带着弟子四处参访，可弟子在一路上尽是唉声叹气，因为他总是回忆起以往那些不开心的事。某天，他们乘船出行到了岸上后，禅师要弟子背着小船继续赶路。弟子很是惊讶，禅师却说："每一个经历对于人生而言都是重要的，但过去的，就是过去了，何必背负着再继续前行呢？"

4. 任何的恐惧，都不过是坚固的妄想

兄弟两人去集市上卖木炭，但因为一点儿事情就争吵起来，闹到最后，木炭也没有卖出去，还落得一肚子闷气。两人的初衷本是卖炭挣钱，但初衷变了，事情也就变质了，最后什么都没有得到。看看我们自己，有多少事情是因为初衷改变了，所以事情也跟着变质，到最后闹到不欢而散的呢？所以人在做事前后应当省察一下，反问自己的心，是否还如同以往那般单纯。

一个人必须是充满了灵性，而且又很有决心，他才能在琐碎庸常的生活里发掘出不一般的东西。这需要他能够经常静下来，倾听自己的内心想法，并且勇敢地付诸实践。不然的话，他就会在庸常的生活里失去改变、创造自己命运的机会。可遗憾的是，世上大多数人宁可被困在某一处，也不敢从心灵的囚牢里走出来，他们的生命之花过早地枯萎了。

我们经常试图保护自己，以防范生活中可能会出现的种种威胁，虽然很多所谓的“威胁”从来就没有出现过。这些“威胁”引发了我们对未来的恐惧感，这就直接导致了很多事情还没开始做，我们就已经在内心恐惧了。所以，并不是工作上有多少困难，而是我们心上有了太多恐惧，有了太多自我保护的意识，从而阻止我们再向前迈步了。

有时候我会想“我被恐惧捆绑住了，这辈子都没救了”，但这种念头刚一出现，我就会从禅的角度去看待内心的恐惧。后来，我

发现，所谓的恐惧不过是因为过分夸大了未知事物的难度。我们都有这样的体会，学生时代参加考试之前总把它想得很难，但考试过后便觉得轻松无比。其实人生里绝少有事情是真正难以完成的，只是我们征服不了自己的恐惧，也就觉得对这个世界很无力。任何的恐惧，都不过是坚固的妄想。

为什么我们很难从“恐惧的瓶颈”中跳出来？那是因为我们的心执着得太厉害了。并不是真的有什么事物特别可怕，而是我们无限放大了自己所设想出来的“恐惧”。但是，生活会因为你的恐惧就让那些可怕的事物消失吗？我们倒不妨多想想“恐惧事物”的另一面。你恐惧考试，但考试能够检验出你的不足之处；你恐惧某个领导，但他也只是指出你工作中的失误而已。任何一个令人恐惧的事物，它的反面必然是对我们有帮助的。

现代社会里人人压力都很大，但消灭压力的最好办法就是，不要想着去消灭它，而是和它聊天。就好比，你在经济上有很大的压力，你不要一直想着对抗这种压力，而是要弄明白，压力真正的源头在哪里。所以，我们要看向自己的内心，就像和老友谈天那样，与压力也聊一聊。这个过程会很有意思，因为我们会从中看到真正使自己窒息的东西。

禅并不是让每一个人都变得无所不知，它反而是为了让我们“一无所知”。不要被知识、技能、经验、推理等束缚起来，就像一个懵懂孩童那样，带着好奇心去看待生活，这样，我们的人生就会过得更有乐趣一些。

有多少执着，就会有多少束缚。当你执着于“禅的意境”时，也会被这个束缚住。只要是束缚，就都会带来痛苦。所以，从这一点来说，禅的意境也要放下，好好地生活便是了。

古时候有兄弟两人，一个出家修行，一个在家耕田，可能是两人都对目前的生活厌倦了，他们互换了身份。原以为从此生命便可以焕然一新，可最终他们又厌倦了互换身份的生活。我们很多人就如同这兄弟俩一样，把自己的人生乐趣寄托在他人的生活里。禅说，他处的风景，都不如此处当下的风景好，说的便是这个道理。

师兄对师弟说："听说你的寺院里新近塑造了一尊雕像，能借我一下吗？"师弟回答："你自己有的，何须问别人借？"一句话，就把师兄给打发走了。师兄的意思，是要追随着别人的脚步走，而师弟则认为，生活之路就在每个人脚下，又何必看着别人的样子来活呢？

5. 过一种纯粹的生活，是种莫大的幸福

要知道，世间万事皆有变数，所以不执不取，才是最智慧的做法。不要认为眼前放下了某件事情就是个不折不扣的失败者，你要看到的是，也许正是因为在条件不具备的情况下果断放手，才能有日后的收获。眼下的一次"退步"反而能够使事情向前一步进展，这种情况，难道还少吗？

如果一个人总是把昨天的失落、忧伤和烦恼带到明天，甚至带到未来，那么他的一生都将是可悲的。无法看破烦恼的本质，因而会永远活在灰暗之中。如果我们只是静静地观察烦恼，那么不难发现，所谓烦恼，都是生活里的零碎小事，有些甚至都不值得一提！但烦恼为何能给我们带来如此大的痛苦？大家想，哪怕是一粒沙子在鞋里，我们的脚都会被磨痛，更何况是心头的烦恼呢？

面对感情、就业等问题，我们是应该等待，还是应该争取呢？等待不应该成为无效的空等，而争取也不应该成为盲目的争夺。在等待的同时，不断地充实自己，或者创造条件，这便不是无效的空等。在争取之前，就先确定了这是否真的适合自己，是否真的遵从自己本心而来，如果确定了，那么便不是盲目的争夺。

纯粹一点儿的生活，往往比较平淡，清简，但这并不说明它就是无趣的。在工业社会里，这种生活才是最难得的。当人们只知道劳作，却不懂得享受生活，那劳作的意义又何在呢？劳作，是为了让生活更好，就好比学禅一样，学禅，是为了用禅的思维方式来指导现实人生，帮我们解决其中的诸多问题。如果只是为了学禅而打坐，冥想，生活依然毫无起色，那就说明这是在做“无用功”。

从来就没有所谓“命运的安排”这样的说法，只是有些人习惯用“命运的安排”来作为自己缺少意志力的借口。缺少意志力的人，他们的梦想很多，只是没有一件能够实现。禅认为，他们不仅是缺少心理上的必要准备，而且也缺少对生活的真正热爱。很难想象，一个真正对自己要做的事情有了充足心理且又热爱生活的人，怎么能甘心地听从“命运的安排”。命运，那不过是每个人自己努力或不努力的生活轨迹而已。

真正过着纯粹生活的人，必然有一颗纯粹但充实的心灵。虽然他从早到晚都要置身于工作场合或者为事情操劳，但他却仿佛是一个人独处一般，完全不会被周遭的环境影响。每一天，从早到晚，他的内心都十分平静，任何人说的任何话，都不会打破这种平静。

善于创造纯粹生活的人，他大概自始至终只有一个心思：外界如此祥和平静，我每天的生活是如此幸福安定。他越是经常性地产生这种感受，他便会越多地享受到生活的乐趣。那么，再去看看其他人，大家都在抱怨，都在忿恨，人人都在说生活压力很大，却极少有人看到压力背后的动力。尽量地放开心怀，把一切都接纳进来，我们的生命才会更有朝气。

一个人生活的好坏，完完全全是来自他的内心。我曾见过事业有成、家庭幸福的人，但由于内心的空虚无法填充而选择自杀。也曾见过一事无成、浑浑噩噩的人，最终在绝望中悲伤而死。相较于他们，那些追求内心富足的人是明智的，他们不是生来就能成为一个禅者，而是在现实人生之中让自己无限地接近禅：让心念明白，让生活清晰，过得毫不糊涂——这也是生活禅的一种面貌。

如果太把所有人的意见当回事，那我们就什么都不可能做成。想明白、想清楚就去做，人要活得简单明白，这其中的“简单明白”就是要对自己有所信任，并对自己要做的事情有所坚持。

有一个成功人士，经常被人追问起他是如何顺利度过人生低潮期的。他也并没有刻意地用尽办法要给自己打气。他只是按时休息，按时起床，努力地做好身边的每一件事情，不论那件事情有多么不起眼；曾经没有来得及做的家务事，都有时间完成了，还可以喝杯茶放松放松。从禅的眼光来看，尽管他并没有刻意地“励志”，但他所做的一切都为日后的成功打下了根基。

清扫心境比清扫房间更重要，而且最好要勤快些才更好。当你发觉自己针对某人有了不好的念头，就要及时地停止它；当你发觉自己对某物、某事产生了强烈的占有欲望，就该及时地熄灭欲望。我们的心境，或者说是意识领域，只有时常地被观察，被清理，才能保持干净平整，一尘不染，也只有这样，我们才不会成为负面意识控制下的奴仆。

曾经有个很富有的人，他随身带着一块“戒嗔恨”的牌子，据说是白隐禅师给的，说是为了帮助他控制坏脾气。某天，他偶然听到家中仆人们聚在一起批评他，他才刚听了两三句就控制不住了，一把扯下木牌抬手便要打人。看看这个人，我们就可知，要真正想改掉自己的缺点，是一件多么艰巨的事情。

6. 适时地掉头更有助于解决问题

人生中要解决的问题确实很多，如何解决，这取决于我们的心念，取决于我们生命所努力的方向，取决于我们是否能坚持到底。生命努力的方向选对了，就要带着决心努力地走完它。不论结局如何，至少我们都没有带着遗憾走在人生的路上。

为了实现自我的肯定，首先应该学会对自我否定，不论过去自己有过怎样的成就，都不要时刻挂在心上吧。你能把过去否定掉，才能对未来有所肯定。不然，你一直活在过去，肯定的也是过去的自己，那么你的未来又该摆在哪里呢？

曾经有位禅师触怒了权贵，遭人陷害而被流放。但根据当时的法律，身患重病者是可以酌情免受刑罚的。于是有人出主意，让禅师自称病重，如此就不用受罚了。可禅师却说："怎么能为了免受刑罚而装病呢？"可能在有些人看来，禅师的言行过于固执死板。但举凡有品性和操守的人，都会这样做的。现代社会不缺少聪明人，但缺少诚实正直的人。如果你实在没有过人的能力和才学，那么就请守护好自己的品性。一个诚实正直的人，他的价值有时高过有才学而无德行之人。

一位八十多岁的老禅师正在禅院里劳作，旁人见了就要代劳。对此老禅师很不高兴："我自己的事，为何要别人来代劳呢？"

旁人又说："现在日头正毒，禅师何不等等再劳动？"

禅师就说："有太阳的时候不劳作，难道要等太阳下山了再做吗？"真正的禅者，不论大事小情都是要自己承担的，此刻能做的便不等到他日。毕竟，别人不是自己，而自己的事和他人又有何关系？但现代人却处处希望有人帮助，甚至是代劳，做事也是能拖就拖。这种行为，无非就是对生命的浪费。

如果人太执着于"我"，就会无视他人的存在，过于强调自己的想法、利益、得失。但如果人不在乎"我"，就难免会自轻自贱，放任自流，糊涂地荒废了一生时光。禅的可贵之处就在于，它既肯定每个众生都能活出自己的生命意义，都有自我成就的可能，同时也强调，每个众生的生命意义和成就，都离不开其他众生。“我”与他人并不是截然分开的，而是一个统一体。

禅宗里经常说“世事无常”，生命很脆弱，光阴很可贵，但是，人们却并没有因此而愈加珍惜生命和时光。这种珍惜并不是口头上说了多少，实际上，说得越多的人可能越是会浪费生命，因为他们除了在说，就什么都没有做。

对于那些想得多、做得少的人来说，时间总是不够用的，也不可能够用。因为他们需要非常多的时间来构想未来的蓝图，比如要开一家公司，或者买一幢新房子，或者换一部车子，但是，他们的这些心愿根本无法实现。如果他们真的有心去实现某个心愿，就不会总是把时间花费在对未来的构想上了。那些敢想、敢做的人，可能会比较鲁莽些，但他们却在尝试着去做，只要动手，不论成败便都是好的。

真正的勇士，并不是一生都不遭遇挫折和苦痛，而是在遭遇了痛苦、挫败之后，依然能坚持自己内心的信念，在人生的道路上坚定前行的人。古时候有个禅僧，悟性非常差，人人都觉得他不可能领悟到禅的精义。但就是这个禅僧，付出了比其他师兄弟更多的努力，终于在禅学上有所成就。参禅比世间的事业可是难多了，但不论选择哪条道路，只要不让自己带着遗憾去走，这就可以了。

在生活里，如果遇到无法解决的事情，我们切不可停留在原地一味地抱怨，哀叹，或者生气。所有的烦恼都来自执着。对于那些无法解决的问题，如果一直抱以执着的心态，而不是从另一个角度去思考，那么我们就会陷入死胡同里。适时地掉头，不是逃避，而是换一种思路，换一个方向，把问题解决掉。

你要知道，今天的失落只属于今天，过了今天，它便什么都不是。且看明日清晨，看那朝霞布满天空，这又是崭新的一天，又该打起精神好好地生活了。

圆悟向他的师父提问：“藤一直缠着树，难道树不会累吗？”他的师父反问：“树不累，倒是你的心累。”说的正是啊，当万事万物按照各自的自然之道生存时，我们是否也该把目光转向内心，而不是把心悬在外面。

7. 只有这一点骄傲，就区别于浑浑噩噩的人生

尽管在每个人的生命里，唯有自己才能依赖，但是，这种依赖也是有限度的。确实，每个人都应该对自己的生命有所承担，有所肯定，可过分地依赖自己，却也会助长自己的傲慢之心。

生命最为令人欣喜的一点就是，我们很少能预测到未来将会发生什么。正因此，生命是具有无限可能性的。但是，我们的问题就在于，我们担心这种可能性，继而排斥这种可能性。这就不奇怪了，为何有些人的生活总是一种颜色，为何有些人的生活就能映照出斑斓的色彩。

除非是你自己给自己前进的路上设置了障碍，否则，一旦你下定决心要去做什么，是不会有任何人可能阻挡你的。

障碍的源头在于自心，但是要扫除障碍却是需要极大的勇气。因为这需要我们敢于承认：我的问题，就出在自己身上。而我们平时则习惯了推脱，习惯了把问题的源头指向他人。所以，那些敢于自我剖析、自我认错的人，可以说是真正具有金刚无畏的心。

生活永远是按照它自己的样子来进行的，这又有什么不可接受的呢？难道一定要让生活按照我们自己既定的安排来进行吗？没有谁具备这样的能力。所以，人生的正确顺序应当是首先接纳生活，然后根据现实和自己的心愿再进行创造。

虽然禅门说一切众生皆是平等，但在现实人生中我们会发现，人与人的起跑线并不平等。但起跑线越是不平等，我们便越是不能放弃努力，放弃拼搏。禅宗说的众生平等，是说每一个人经过努力，都可以成就自己，从这一点来说，人人都是平等的。所以，即便我们和别人的资质不同，但依然不要放弃努力。

当我们陷入以自我为中心的情绪里，就很难再看清楚生活里的障碍都是什么，它们都源自哪里。比如，当我们与人发生了争执，我们只看得到自己被人伤害，却看不到我们也伤害了别人。

大多数时候，我们坚持的并不是客观事实，而是我们所认为的事实。比如，“他伤害了我”就不同于“我觉得，是他伤害了我”。前者是一种客观评价，而后者是我们所认为的情况。我们所认为的，并不一定就都是正确的。但遗憾的是，人们往往是陷进了自己认为的事实，最终忽略了真正的客观事实，从禅的角度来看，这便是一种对自我的执着。

在力量薄弱的时候，人们需要做的是积蓄自己的力量，所以人生中会有一个个的蛰伏期。但蛰伏期也要有个限度，如果蛰伏期太多，那便不是积蓄力量，而是刻意地逃避生活。

人总要适时地活在“生活之外”，暂时地离开需要处理的问题以及手头的工作、任务。这种暂时的离开，是为了换得头脑的清醒。人不可能一直活在紧张的状态中，而长期的身心紧张状态，对于我们解决问题也没有任何帮助。

给自己一段活在生活之外的时间，就是为了识破那些虚妄的念头，识破了它们，我们才会知道，什么是自己真正想要的，什么是自己真正需要的。生活在生活之中，固然是一种踏实的活法，但很容易让我们无暇顾及那些虚妄的心念。所以，定期地“离开”生活几分钟，未尝不会换来满心的轻松。

当我们过于执着自己的见解时，就是创造出了“小我”。这个小我，便是令我们受困的原因。他只能看到并相信自己的想法，却不肯倾听他人的意见。小我的限制使我们的生命无法持续运行。因此禅宗说：张开你的两只耳朵，同时也要打开你的心门。

当你在面对需要完成的工作时，请把“我没有自信”换成“我信心十足”，这种看似简单的自我肯定其实效果非常强大。禅门一则公案里有个生性懦弱的人，他的师父为了开发出他的自信，要他每日都口念三声“我就是佛，佛便是我”。后来这个人小有成就之后，这句话便换成了“众生是佛，佛即众生”。当一个人学会了肯定自我，培植出了自信，他不仅学会了重视别人，而且对人生更有一种承担的力量。

人类最是善于自欺，明知道有很多东西不可能永远存在，但还是会骗自己说“它们值得我拥有”。在花费了心力之后，虽然得到了自己想要的，可内心还是空虚的。一个生活的禅者，他不会把精力过多地投放在“想要”的东西上，而是会倍加珍惜“已有”的东西上。真正值得我们珍惜的事物并不多：短暂的生命，稍纵即逝的时光，还有帮助我们成长的人。虽然每个人珍惜的事物不同，但懂得珍惜，便是有福气的人。

“我”是什么？“我”是一个非常脆弱的事物。人们总是在谈论着“我的看法”“我的生活”“我的人生”，而不知道他们看到的是他自己的生活，也是别人的生活。所以人们才会时刻被烦恼吞噬。

“我的感受”，就是自我中心意识所制造出来的假象。最明显的事例便是，我们总是强调别人要尊重我的感受，却忽视了他人的感受。不仅如此，自我意识还制造出很多假想敌，这些假想敌让我们坚信，有些人生来就是与我们作对的，有些遭遇就是为了专门让我们为难的。自我意识制造出的假象使我们看不到生活的真实面貌。安心生活，就是安放好那容易生出自我意识的心。

黄檗禅师说：“当人们丢弃各种各样的妄念之后，就能够认清生活中的一切。”比如，当我们顽固地以为自己是正确的而他人是错误的，我们就会变得非常情绪化，在妄念的影响下，我们变得冷酷，强硬，我们被自己的妄念操控，最后却把怨气发在了不相干的人身上。丢弃妄念，就是把那些虚幻不实的、对身心有害的念头都给过滤掉，然后丢掉。你试着让自己静下来，就能看清哪些念头是妄念，哪些是正念。当你再次安静下来之后，你可能会突然发觉，心内是没有任何念头生起的。

那些躲在幻觉中自我麻痹、自我欺骗的人们总是贪执眼前的安乐，他们不明白眼下的安乐不过迅如闪电一般，而奋斗与进取才是贯穿整个人生的。

修禅的人要找禅道，而生活在红尘中的人一样也需要找到各自的“道”，比如做事的方法、与人相处的方式以及做人的道理，等等。在找到这个“道”之前，首先要做的就是放下自以为是，放下对自己的执念。

自己想要什么样的生活，就应该用什么样的心态去生活，别指望着别人能给你的生活带来多大改变，如果你不转心念，即便遇到名师指点，又能如何?

8. 生活不好过时，也带着心喜

有个人为了治疗痛苦，一直都生活在禅院里，每天都盘腿打坐，静静地坐上几个小时。他逢人就说，自己的身心是多么的轻松安宁。一位禅师为了考验他，就说了句“扯淡”。这个人马上就翻脸和禅师对骂起来。看来，修为、境界这个东西，真的得从生活中来历练。所以，不论是在单位，还是在家庭，生活中的任何一处都是道场，都是学校，我们都能从中学到让内心真正平定的本领。

一个人，当他对每天都重复的生活失去了兴趣时就会变得不安分，身心躁动不已，各种各样的欲望也开始萌生，对自己目前的生活也诸多不满。这就好比，我们觉得自己吃厌了某种食物，就开始嫌厌它了。但是，如果你看到别人连能够果腹的东西都没有，你就会珍惜它了。有时候，不是生活让我们失望了，而是我们过得太贪心了。

如果你漫不经心地生活，你就真的可能体会不到在柴米油盐之中还有那么多乐趣，你也感受不到生活的可贵性。许多人每天做着的不一定是自己应做的事，而自己真正应当承担的工作，却一再地拖延。为什么我们会焦虑？就因为我们把精力耗费在了对生命无意义的事情上。如果从今天开始，你认真地生活，带着所有的爱、感恩去发现生活里的乐趣，每天只选几件事，并且都是有意义的事，这样坚持下去你会发现，自己的生命在不断地改善。

如果某一天，我们发现自己的生活处于混乱之中，首先不要惊慌失措，能够发现生活里的混乱是个好兆头，这说明你真的开始关注生活了，而不是再如以往那般得过且过。然后，你可以做一些简单的事情，比如清理桌面、整理房间等，这些简单的工作能够让我们的心思更集中。当我们简单下来，慢下来，我们会发现在每一次呼吸中、在每一个动作里，都有一种安静的感受。

有个烦恼很多的人问禅师，是否应该去一个特别清净的地方，就能不再生出烦恼。禅师说，是。他又补充说，这个清净的地方就是你原本的生活。当然，如果你只是带着不明事理的混乱的心回归到生活本身，那也是没有任何意义的，我们应该是带着善于体察一切，又能肯定自我价值的心。生活质量的好坏，取决于我们以哪种心来看待生活，而不在于我们生活在哪里。

想一想如果我们每个人都是那生活在鱼缸里的鱼，那么每个人的举动都会影响到鱼缸里的环境，进而影响到他人和自己。但是，我们生活在同一片大地上，这个道理不也是一样的吗？如果我们时刻都有这样的意识，那么心底的那些负面想法和恶劣情绪，也应该时刻注意收敛一下吧。

其实，环境本身是不会造成任何污染的，一切污染都是从人类的行为而来。同样的道理，生活本身并没有好坏的分别，也不存在它偏爱谁、它伤害谁的分别，一切的快乐或痛苦，都是从自己的内心中生出的。

不通过双手劳作，不通过心来体验，那么，我们还要生活干吗？

现代社会里，人们普遍认为只有辛辛苦苦得到的东西才是最好的，但对那些轻易就能得到的往往不够珍惜。于是，大家就把目光集中在不易得到或根本得不到的事物上，自然身心就会被贪欲的火焰烧灼着了。然而人们并不知道被贪欲之火烧痛了就要放手，他们还是在为得不到的东西而遗憾，愤恨。其实，他们就算什么都得到了，也一样不会快乐的。

你可曾见过母亲满怀喜悦地为孩子们操劳的场景？那种场景里，那个操劳的母亲心中是有禅意的。你又可曾见过远方游子兴冲冲地还乡时的场景？在踏进家门的那个时刻，游子的心中是有禅意的。因为他们体现的是生命的动能，这动能里有喜悦，有感情，所以，这才是禅。

物质生活环境确实在不断得到提高，但是，精神生活环境却并未比原来更好。以往的年轻人至少还有朝气在，可现在的年轻人却只是在追逐财富和名利跑。如果你问人们每天做得最多的事情是什么，那便是算计，人们算计着谁亏欠了自己，算计着谁欠了自己的人情，算计着如何才能爬得更高。其实，没有谁亏欠过我们，是我们一直在亏欠自己。

有一个被认为是"幸运儿"的人，他在谈到自己的"幸运秘籍"时说，他并没有做过什么特别的事情，只是在自己过得好的时候不会忘记别人，并且尽力也让别人过得好。这确实是很值得赞赏的生活态度。生活好过时不忘他人，这确实很好，但如果自己生活不好过时，还能带着喜悦去生活，这就更值得赞叹了。看一个人的心态是否够积极，只有看他在人生低谷时是怎样的心态，才能看得更准确。

有个宰相，他与无住禅师下棋时，听见窗外有鸟雀在叫，便很心烦。但无住禅师却依然平静自若，就像外界的干扰根本不存在似的。宰相问其原因，禅师说："让宰相觉得干扰的，乃是你心中的烦恼，这关鸟雀什么事呢？"看来，内心的问题不解决好，再怎么好的自然律动，都能被我们当作是一种干扰啊。

第五章

顺其自然地安排生活，不取悦谁，也不与谁比较

1. 顺其自然地安排生活，
不取悦谁，也不与谁比较

有些人经常说工作让他不得安心，婚姻使他失去自由，家庭让他的压力日益增加，可实际上，这是他自己内心不够平和才产生这样的感觉。从一个禅者的思维模式来看，真实的生活是这样的：工作让自己有奋斗的机会，婚姻给自己带来温暖和幸福，家庭让自己体会到肩上的责任。如此去想，内心不仅平和下来，还顿时充满了动力！

在现代社会，人人都有机会找到适合自己的工作，这些工作无分高下，但如果不是自己喜欢的，超出自己能力范围的，最好还是谨慎选择。从禅的思维来说，不适合自己的工作还要硬做，那便时刻都活在不安宁中，你唯恐出错，而且又缺少热情，这不简直就是耗费生命吗？

古代的禅师们都没有固定的方法来教育弟子，这给现代人的启示便是，只要事情能做成，就不要太计较方式和手段。在为人处事时，我们不仅要有一颗充满善意的、端正的心，而且还要灵活变通。禅家最恨那种死不开窍进而耽误事情的愚钝做法。我们在生活中要尽力避免。

人对自己的坏脾气还是应该有些警惕心的。真正的内在平和不是你现在想有，马上就能有的。平时大家见到的那些性情沉静平和的人，他们的心境也是在生活中磨炼出来的。当我们对自己的坏脾气抱有警惕时，我们才能意识到心头的怒火会伤到别人和自己，才能想到造成的伤害多么难以愈合，也才能想到克制怒火、保持平和，多么不易。

向着人生目标不断奋斗本来是很好的，但也不要忘记，生命本该是丰富多彩的，即便再奋斗，再忙碌，也应该是忙而不乱的，更不能把忙碌作为生命的全部。我们应当时刻保持着心灵的觉醒，让自己沉浸在“物我相忘”的心流中。不攀缘不执着不追赶，从容自在地活出自己的人生。

禅门中有句话叫“爱惜方寸地，留与子孙耕”，其实这便是禅家尊重一切生命、尊重资源和财富的集中体现。现在人们的生活过得都很不错，但我们并不是带着感恩和珍惜的心来使用资源，享受生活，而是在无休无止的欲求中浪费着资源和财富，并因此增加了许多烦恼。

人与人之间的烦恼可真多啊！且不说工作单位里和社会上，就是家庭中也往往存在着人与人之间的各种矛盾和烦恼。但即便如此，我们也要知道，人与人之间的缘分都很短暂。你憎恶的人，喜欢的人，都不过是短暂出现在自己生命中而已。既然如此，又何必结下仇恨呢，用平等的心去善待他们吧。

当你被人轻视或伤害了，你心里就特别痛苦，对不对？其实所有的人都是这样，在面对冷漠、误解、伤害时都会觉得难过。禅的精神要我们跨过自己的痛苦去看别人的痛苦，并推己及人地远离痛苦。既然你不想在痛苦中打转，那么别人也和你一样啊！如此看来，我们又何必与人斤斤计较或者恶意伤害别人呢？

每一个个体生命的存在，都与其他生命的存在息息相关，从禅的角度来看，每一个生命都影响着其他生命，既然大家互相依靠，互相影响，又何必因为小小的摩擦就使矛盾升级呢？你说与人相处起来很痛苦，其实是你自己的心里充满了痛苦的念头。与人发生了矛盾最好的方法就是不带偏见地去处理，你的内心充满平和时，别人是可以感受到你的善意的。

不可执着于理智、感觉，也不可执着于理论、教条，既然如此，那么我们该如何生活呢？其实，任何听从理论指导、听从理智操控的生活方式，都不如自然而然地体验生活更美好，更自在。你顺其自然地安排生活，不取悦谁，也不与谁比较，你只是安排着自己的生活，你必然会在有限的时间里体验到更多。

不懂得宽待他人的人，也不会善待他自己。人们总是习惯于把烦恼的根源推给他人，甚至在一起生活工作，都不肯承担起自己应有的责任。谁也不是圣贤，谁都会有犯错、制造麻烦的时候，一个真正宽待他人并敢于承担的人，必然会以体谅他人的心对待所有人。但是这种宽待也换来了他人对自己的善待。

懂生活的人，时刻在创造生活，消灭烦恼，而不懂生活的人，却在浪费生活，自找烦恼。他生活在自己构想出来的矛盾和麻烦中，朋友的玩笑他记恨，别人有了成绩他妒忌，他给自己树立起种种敌人，一颗心被这些假想敌反复地折磨，他却不知道，打破内心平静的根源在他自己那里。

一个人最愚蠢的做法便是对他人有要求，对自己没要求。他连自己的念头都控制不了，又如何掌握自己的命运呢？在禅者看来，生活里的一切“结”，无非都是心头的“结”。能够解开心头这些死结的人，只能是我们自己。你向别人要求内心的平和，可世上无人能给啊。

要让自己的心灵富有弹性，就应该包容一切。如果将心门牢牢地锁死，那么心流就会枯竭，生命成为一潭死水。凡是特别富有创造力、思维开阔、做事灵活的人，大都有一颗富于弹性的心，唯其如此，他们才能更好地适应环境。

禅家有言：“唯有忘记一切，才能拥有一切。”忘记了怨恨，便收获了平静；忘记了贪取，便拥有了安宁；忘记了强烈的占有欲，当下身心便感受到轻松快乐。其实，就连我们做过的善事，最好也忘记，不然它依旧会成为捆绑我们身心的锁链。

有些人说他自己得到的越多，便越是不能身心安宁。其实并不是你拥有的东西多，而是你对这些东西看得太重了。如果你的执着心很轻，即便坐拥财富也心似静水；如果你的执着心很重，那么一粒稻谷也会压弯了你的腰。

如何才能带着感恩心生活呢？这个其实很好办，凡是你对别人做过的事情、带去的恩惠，你统统都忘掉；凡是他人对你付出过的帮助、带给你的恩惠，你一件也不要忘，每天便都沐浴在感恩之光中了。当然，感恩是为了更好地帮助他人，让自己的人际关系变得更和谐，而不是做个样子给人，否则，感恩也会成为负累。

唐代诗人李翱写了一首诗送给惟俨禅师："炼得身形似鹤形，千株松下两函经。我来问道无余说，云在青天水在瓶。"不论是云还是水，都是自由而从容的，而我们的心也该像它们那样，自由自在，无拘无束，能在天空中舒展，也能在瓶中静默。

一个新来的学僧对赵州禅师说："弟子恳请您能给我一些启示。"赵州问："你吃过粥了吗？"弟子说："吃过了。"赵州吩咐道："那就洗碗去吧。"赵州禅师的意思就是，不论你之前有过什么想法，此刻，都洗掉吧，不要带着过往再去前行了。

2. 每次发脾气前，
都是你改善心境的最好时机

生活应该是一场充满乐趣的旅行。当你觉得人生太沉闷时，你可以倾听自己的心跳，倾听自己的真实想法，与这个嘈杂的世界保

持距离，然后，快乐安然地再投入到这个世界中去。

临济禅师让弟子给华严禅师倒茶，但华严禅师却并没有回敬，这并非华严禅师看不起临济禅师，而是他们心中都清楚，自己有的东西，是不需要别人赐予的。比如对生活的热爱，比如自心的追求以及面对人生的勇气。这些需要我们自己发掘，而不是靠着谁凭空地带给我们。

你的内心清净明澈，你现实生活中的方方面面也都不会差到哪里去；你的内心充满了欢喜善意，你的人际关系基本上应该不会有问题。想知道你每天的内心状态是否在正道上，那就看看你的生活中出现了什么问题。生活是映照内心状态的镜子，而且它从不会欺骗你。

日本古时候有个久经沙场的武士，他几番出生入死，却对祖传的一只玉杯爱不释手，心生执着。他想到因为这一只玉杯就给自己带来许多挂碍，便将其变卖，把钱施舍出去。从禅的角度来看，这是一种心灵的觉悟。我们倒不需要学他把财物变卖后再施舍，而应该像这位武士一样，能够觉察到执着的源头和烦恼的根源。唯其具有自我觉悟的态度，才能活得越来越轻松，才能减少不必要的贪欲。

可能你会觉得，偶尔发脾气并没有什么大不了的，人人都是这样。但你可知，每一个负面的想法都会消耗你心灵的能量。整天抱怨的人，会失去热爱生活的能量；经常发火的人，基本上健康状态都不会太好；喜欢挑剔的人，他本身的能力也不怎么样；欲望过重的人，长期生活在煎熬之中。

当你抱怨外界太过吵闹时，你可曾想过，自己的内心如果真的非常平静，就不会被这喧闹打扰了。我们的所有烦恼和困扰，皆是从内心生起，但我们却把这推给了外界。这就难怪我们一直过得不幸福了。

每当有人向我问起如何才能生活得比别人更好时，我就对他们说，只要你还生活着，就很好了。生活是一种感受，它容不得种种比较。你会让一个建筑工和一位音乐家比试本领吗？你会让一个精通计算的人与一个从事文字工作的人比能力吗？所以你看，你又为何要跟别人比谁过得更幸福呢？全身心地拥抱生活，难道不是距离幸福更近些吗？

尽管生活意味着有烦恼，有苦难，不仅要承受种种痛苦，还要担负各种责任，但我们依然贪恋着生，没有谁会轻易地想到去死。因为生活里还有美好的事物，有感动和幸福，有自己要实现的理想以及不断为之前进的目标。当你以一个禅者的眼光去打量自己的生活时，你会发现，生活的意义就在于它是尝过苦之后就会收获甜。

人要做到善待一切其实不难，只要你能放下对自己那过度而偏执的爱，去包容他人身上的毛病和缺点，多感恩别人带给你的方便，这就可以了。

我们遇到的那些生命境界比较高的人，其实并非是他们天生就与众不同，而是他们在对待困境和烦恼时的心态比他人更好。如果你在烦恼和困境面前，保持着内心的平静，并且透过它们看到的是烦恼去除后的清凉、困难解决后的喜悦，那么烦恼和困境就会在你面前让步，而你此时便成了自己命运的主人。

这个世界，总是千头万绪，看似每一天都有着数不清的麻烦，而且这“每一天”似乎看不到头。实际上我们的世界很简单，我们的生命也很短暂。而这只有在真正热爱生活、心性简单的人看来才如此。因为内心简单明净，所以世上才没有喧嚣；因为热爱生活，珍惜光阴，才觉得人生短暂。因此，他们才比其他人活得更有质量。

当我们把心门关上要消灭烦恼，这时候烦恼之火只会越烧越旺；但如果我们把自己投入到众生之中，奉献着自己的能力，尽力地去关爱他人，那么之前的烦恼之火便自然熄灭了。有时候你觉得服务他人只是简单地做善事，其实这也是在消灭心头的烦恼之火啊。

有位妇人家境很是富裕，不论是财富，还是容貌，当地都没有人能够比得上她。但她过得很不快乐。无德禅师给了她启示：“如果你多说欢喜的话、真实的话、谦虚的话、利人的话，就会得到更多人的喜爱。”这个妇人就按照禅师的提醒去做，果然越来越多的人开始喜爱她，她过得比从前快乐多了。

有个行者在路旁的树荫下打坐，路的另一头走来一个人。这个过路的就问行者：“您这是在做什么啊？”行者回答：“我在修忍辱。”过路人笑道：“看看你这模样，你还是躺进棺材里去吧，坐在这里也是丢人！”这个行者一听，马上就跳起来，对着过路人就是一通大骂。可见，真的要降服愤怒，是多么不易！

节度使李翱专程来拜访惟俨禅师时，禅师正在松树下阅读经文，他见到有人来，却不理睬，看完经文又闭目养神。旁人说：

“禅师，李大人等您半天了。”李翱见此情形，忍不住发怒道：“真是见面不如闻名，看来我这趟是白来了！”禅师却说：“你不白来，我能自在无碍，而你却怒火满心，如果你能明白这是怎么回事，就不算白来。”

3. 能够随心自在地安排人生，便是最大的幸福

情绪的起伏变化，只在一念之间。但在这一念之间，就决定了我们此后的人生是风平浪静，还是灾难重重。学会控制自己的情绪，那是对自己、对他人负责。其实情绪不该被外因左右，别人说了什么，做了什么，那是他的事；你如何想，如何做，才是你的任务。如果别人的恶言、恶语实在不入耳，就当它是个玩笑，于是你便也笑了。要平复情绪，又何须费力呢？

愤怒总是让人失去理智，人们在怒气的作用下总以为自己是在与别人争出是非高低，实际上是人们在与自己较量，搏斗。当怒火满心时，别人根本不会被你的怒火灼伤，你却会因为自心的怒火而伤了自己。学禅的人明白这个道理，因此在大多数情况下，他们能够从容自在地面对外境，而不会在内心点起愤怒的火。

你对眼下的成绩执着，那么你的成绩也就只能这样了；你对某个人执着，你便再看不到生活里的其他乐趣了；你对困难执着，你

余下的人生便只看得到灰暗。一有执着便有了局限，人生的格局也就被限制住了。没有执着，人生便有无限多个可能。

一定要从过去既定的人生经验中走出来，因为外境随时在变，过去的经验又怎么能指导当下的人生？过去的观念，又如何会符合不断发展的社会形态？

只有自然而然的生命形态才是最美好的。所以，虚伪浮夸、矫揉造作的言行并不能给人们带来快乐，反而会惹人生厌。这倒可以视为与人交往时的一个准则。你既然能做到顺从自心地安排生活，那也应该可以做到以自己的本来面貌示人，即便你有一些缺陷，但也会因为这种自然真实而打动人心。

放过牛的人都知道，放牛时要对牛加以管制、约束，以防它毁坏了庄稼。其实对我们的心也是如此。我们的心总是很难专注于当下，专注于手中的事情。这时候不是要对着自己的心口挥动鞭子，而是应该静静地坐下来，观察自己的呼吸，并让自己的心念平复下来。对心有所诱惑的不是外部世界，而是自己的心本来就常生妄想。

就像艺术家创作艺术作品一样，生活就是每个人的艺术品，每个人都有权力创造自己想要的人生，这种创造，并不是说要创造出金钱、地位、名利等物质性的东西，而是创造出意义、愉快、幸福和感受。这个创造过程应该是听从内心真实的想法，因此大胆地承认自己、肯定自己就显得尤其重要。

按照自己的心意来生活，就需要大胆地表达自己的感受。但人们总是很缺少这种勇气和力量。面对爱情时，人们不敢说爱；面对自己的错误时，不敢表达悔恨；谈及梦想时，不敢表达自己追求梦想的意愿。如果只是这样，那这种人生还有什么意义呢？每个人都有资格做他自己，每个人的特质也是独一无二的，因此，人要遵从本心来选择生活，并且过一种高尚的生活。

人应该相信自我的潜力，而不是把成功的希望寄托在外力上。经常看到有人对着神像跪拜，希望神灵能满足自己的所有请求。可是，要想让生活变得富裕，难道不应该先劳动吗？要想让自己变得更加美丽，难道不应该先提升自己的内在吗？人们想要的一切，都只能靠着自己去实现。

禅家把心喊作“心贼”，因为种种痛苦、障碍和烦恼，都是从心上生出的。只要我们常想着善念，心贼自然就不见了。这也是为何禅门特别提倡人应该在现实人生中过一种“禅意生活”，因为人只有面对他人时才会有“心贼”，而人们用自己的智慧和力量去帮助别人时，心贼自然就消失不见了。

人只有在现实生活中才会产生心理波动，才会郁闷困惑，充满烦恼和压力。你以为远离社会、远离他人就不会有烦恼了，其实这是自欺欺人的想法。人的心理状态安适时，不论在哪里他都感觉舒服，否则便只能感觉到束缚。

假如我们把工作看成是对自己能力的培养，把劳动看成是对筋骨的舒展放松，那么我们在工作时发出的抱怨绝对要少很多，而且还会感觉到前所未有的快乐，而以前之所以如此抱怨，就是因为我们的功利心太重了。

从微小的事物中发现不朽的价值，在平淡的生活里感受难得的快乐，这是从禅的角度给人们的生活启示：哪怕你目前过的日子多么地不起眼，你也一样可以从中感受到这种日子带来的独特快乐。没有哪种生活方式一定是不快乐的，是痛苦的，所有的不快乐和痛苦，都源自人们那颗不肯打开的心。

日本有茶道、花道，都是在安静的环境中来锻炼自己的心，它们和禅一样，都是一种生命的艺术。只有在安静的环境里保持内心的安宁，才可能在喧闹中依然保持着内心的自在安适。这是一个循序渐进的过程，就好比，你只有在初级学堂里打下基础，才有可能游刃有余地应对更难的课程。

前念迷乱时，我们只不过是一个充满烦恼的凡夫，整天被苦闷、沮丧所包围，觉得生命是一种负担。越是到了这样的时刻，我们越是应该仔细地观察生命，诚实地对待自己。否则越是在迷乱中打转，我们就越是烦恼。

中国宋代的无门禅师写过一首诗：“春有百花秋有月，夏有凉风冬有雪。若无闲事挂心头，便是人间好时节。”当我们真的做到无执无取、不贪不恋，必然内心自在舒展，不恼不烦。所以，多看看生活中的那些美好事物吧，如果说这世界不够美好，那只怪我们的心被烦恼蒙蔽了。

真正的问题源自我们的内心，所有看似不可化解的痛苦和烦恼都是我们内心世界不够平和、过于计较和执着的产物。

4. 每个人都需要挣开身心枷锁的力量

各种观念本无绝对的错对，可一旦它们成为身心自由的束缚，就必定要破除，而这便是正确的知见，它唤起人们内心的突破性力量。

人的生命总是有限，但在有限的时间里却又想占有得更多，这便给生命带来了无穷无尽的压力和烦恼。作为一种心灵的自救方法，禅让人们把目光转向了生活中的其他方便，禅让人们学会沉浸在自己喜欢的事物中，并用心地享受这种“喜欢”的感觉。只有内心装满了情感时，生命才不会僵硬苍白，那时，我们想的便不再是占有，而是享受以及付出。

同样是遭遇失败和挫折，有些人看到的只是表面上的胜负成败，有些人看到的是他人的强大和自己的贫弱，有些人看到的是生活的痛苦与挣扎。而禅者看到的是什么呢？他看到的是在失败和挫折面前是否能有倒下再站起来的勇气，因为他知道，这种勇气总能使自己满怀信心地迎接更多的挑战，而不去计较是成功还是失败。

要眼光全面地看待问题，也包括看待自身。这就好比一个自卑的人，他如果一直把目光盯在自己的缺点、毛病上，那么他的自卑心理就会一直加重，但如果他能看到自身的长处，看到自己其他的优点，那么他就会从自卑的阴影中走出来，走上正确的位置。

曾经有个僧人面对枯瘦的树枝和满地的落叶伤心悲叹，他的师兄却连声叫好。前面的那个僧人看到的只是枯叶满地，而他的师兄看到的却是来年春季又会枝繁叶茂。面对生活，人总要有些信心和希望，你的心中有光明，何愁人生路上无光明？你的心中有风景，生活中便处处都是风景。

生活的美妙，需要我们全身心地投入其中才能发现，同样的，要了解一个人，就应当先放下各种成见和评断，带着真诚之心与其交流，才能有所收获。现代人在人际关系上总不能很好地适应，大概就是因为我们心中装的东西太多，比如傲慢、虚荣、自私等。我们如果不能将这些杂念清空掉，便不能好好地感受生活之美，也无法顺畅地与他人交往。

人应该有自己的见解，但绝对不能固执己见，不然就会被自己的见解捆绑住，束缚住，困死在自己的世界里。更何况，你就能保证自己的见解一定就是正确的吗？即便正确，它也总是在一定的条件下才成立的。唯有保持心灵的开放，保持思想的独立，自己对事物的见解才能越来越深刻。

想要品尝到鲜美的水果，就要去种植或者购买，想要获得某一项成就，就要付出辛劳汗水。有智慧的人是种树采果，而缺少智慧的人却是砍树摘果。以禅的思维指导生活的人，绝不会只看到眼前的好处而断了生活的根本，他目光所及的不只有眼前，还有未来。

在食物里面放一些盐，可以让食物更美味，但如果放得太多，那么食物就完全不能吃了。做任何事情都是这样，一旦不加节制，走极端，就会使事情向着另一个方向转变。从禅的思维角度来说，做什么都不要太力求完美，因为过犹不及，也因为努力做事的过程比完美的结果更重要。

当心安静下来，才能无所畏惧。我们平时常感到恐惧，就是因为我们惦记的事情太多，用禅的角度来看，是因为心上的挂碍太多，而挂碍又是因执着而来。但在生活中，我们很难不对身边的人、事、物投入情感，挂碍也就在所难免。但禅毕竟在指导生活上有着妙用，它告诉我们，投入情感的时候如果能想到世事有聚有散，要随顺外界变化而调整自己的思想、行动，那么我们心头的挂碍便能少一些，恐惧也就少一分。

一日，黄庭坚与祖心禅师一起爬山，但黄庭坚一路上都眉锁愁云。祖心禅师说："我们都闻到了花香，见到了美景，可你我的感受却大不相同。你内心烦闷，见到美景，便说美景无味。我内心自在坦然，即便再寻常的景物，也觉得喜欢。"可见，内心的感受影响着我们对外境的感受，所以，没有绝对好或坏的境遇，内心安好，世界便安好。

一个学僧向他的老师请教："为何您在弹琴时，要先调节琴弦呢？"他的老师回答："只有把琴弦调节到不松不紧时，各种声音才能协调，这样才能演奏出动听的乐音。"这个道理也可以应用在我们的生活上，只有把身心保持在适度的状态下，我们才有可能感受到生活的美好。

5. 把念头集中在使自己真正感到快乐的事情上

对于现代人来说，平时总爱把“时间就是效益，时间就是金钱”挂在嘴边，可是，假如我们的身心感觉到倦怠了，那么金钱和效益还有什么用呢？所以，请时刻记得，我们是生活的主体，所谓金钱和效益，都不过是生存的手段，我们切不可沦为外境的奴仆。

命运看似难以把握，变换无穷，但命运也是有着强大的心理暗示力量的。要不断磨炼自己的心，让心变得坚强，灵活，永远以正向的心念、正确的思维来看待问题。因为只有这样，我们才不会沦为外境的奴隶，我们才能掌握自己的人生，而不是遇到一点困难就放弃生命。

在生活中总不乏一些爱做白日梦的人，他们急功近利，梦想着一夜暴富。他们明知这不可能，但还是沉湎其中。如果他们能以禅的思维来生活，那么必然会抛弃原先的可笑念头，从而选择脚踏实地的生活，通过辛勤劳动来致富。

曾经有个性情暴躁的人，很容易就发脾气，为了改掉这个毛病，他就命家中仆从敲打自己的胳膊和腿，但这个人的父亲却说：“性格暴躁这是心的问题，应该先治心啊，你治错地方了。”我想许多人在听到这个故事时，一定会嘲笑这个人不仅性格暴躁而且还呆头呆脑，但你能保证自己就从没做过本末倒置的事情吗？所以在处理事情之前，先想想这个故事吧，或许就不会鲁莽行事、用错力量了。

有个愚人，手中拿着花生米。他一不小心，将一粒花生米掉在了地上。为了找到这粒花生米，他就把所有的花生米都放在地上，等他找到了那粒掉下的花生米，地上的花生米却被一只路过的小狗吃光了。从世俗的眼光来看，这个人确实很愚笨，竟然犯下因小失大的错误。但在禅家来看，其实每个人都会犯下这种错误，因为每个人的内心都有贪欲，只要贪欲不消灭，人们就永远会因为“不愿失去哪怕再小的东西”而犯下错误。

从前有个小童，手里拿着一些小钱。有个富豪想欺负他，就说，把手中的小钱丢掉，他会给小童一笔大钱。小童默默微笑，便离开了。生活中的禅者，便该是小童这般。他们知道，已经拥有的东西，即使再小，再少，再不起眼，也比那些根本不属于自己的东西要可靠些。可见，那些经不起诱惑，丢掉已有的东西因而吃了苦果的人，是多么的愚钝，又是多么的贪心。

当我们被人误会时，往往是想着据理力争，却往往是越描越黑。正确的做法应是不予理睬，这并不是胆小懦弱，因为一切自会有水落石出的时候，不必动气，也不需恼恨。你做好自己的事情，清者自清，你怕什么？

人们的各种不适，大部分都是心病，而心病却往往又是人们自己造成的。你越是恐惧什么事情，什么事情就越是频频出现。你以为这是命运专门与你作对，但从禅的思维来看，你不过是活在担惊受怕中，却没有办法走出来而已。对治恐惧的最好办法不是避免去想令自己恐惧的事，而是把念头集中在使自己真正感到快乐的事情上。这就是禅门中所说的“心念一转，便见柳暗花明”。

当一个人只会关注毫无意义的“闲事”时，他就再没有精力去关注生活中恬适安静的美好事物了。这些“闲事”包括哪些呢？比如他人如何安排生活，他人如何穿衣、吃饭、休息以及自己生活中种种的不愉快为何这么多。人应该把心思放在自己的生活上，因为生命有限，尽情地享受生活才显得宝贵；人应当有关怀其他众生的心，这种关怀是切实的帮助，而不是无聊的攀比和议论。

有多少人曾经渴望着到远方去寻找幸福？告诉你们吧，一个真正活在禅意中的人，他不论生活在“远方”还是“近处”，他都能找到幸福。幸福就在一茶一水间，幸福就在一花一木间，幸福就是每天按照自己的心思生活，幸福就是即便现实生活再残酷，也总能找到开心的小事。幸福离不开眼下的生活，就好比禅是不能与生活脱节的。

一休禅师应邀去一位施主家吃饭，他穿着破旧简单的僧衣前去，结果被门童当即拦住。为了不爽约，一休禅师便借来一套制作精良的崭新僧衣再次前往。这次，他被客客气气地迎接进去。用餐时，他一边把蔬菜倒在僧衣上，一边口中念念有词。施主问他缘故。他说：“既然大家认可的是这件僧衣，那么理应让它先吃饱啊。”惑于外表而探究本质，这就是人们在处理事情时经常犯的错误，而一休禅师只是用禅者的行为表现出来而已。

有禅心的人，随着外境条件的变化采取相应的行动，因为无论外境如何变化，他都能从容自在地应对。而没有禅心的人，看到外境条件变得对自己不利就开始烦恼。很明显，这是被外境捆绑了心灵，放弃了自我创造条件的可能性，甘心成为外境的囚徒。

一旦我们与自然融合在一起，那么自然便不再是与我们毫无关系的事物，同样的，当我们接受命运中出现的变化，让变化融入我们的生命中，那么这变化便不再是限制我们的锁链，而是我们创造生活的帮手。接纳比抗拒更有禅意，只有你接纳了，才意味着你能够左右这些变化。

禅者所追求的最高目标就是利益他人，无论外境的变化给自己带来多少麻烦，只要对他人有好处便可以了。但有一点很奇怪，一旦人人都能这样看待变化，那么变化就会朝着对他人也对自己有利的方向发展。这只是因为你为别人着想时，别人也会如此待你。因此禅家说，要挣开外境的束缚，就要先考虑到他人，而不是事事都想着自己。

我们意识的波涛起伏不定，从来就没有安宁平定的时候，尤其是在面对自己不想看到、无法接受的变化时。事实上，没有什么是人们无法接受的，而禅者知道，只有接受，才能谈到创造，才能让我们得到在以往的生活中不可能有的收获。比如心爱的人离开了自己，这确实令人痛心，但接受了这件事情之后，你会发现你只不过是选错了伴侣，或者是两个同路人走到岔路口就要分别。路还会继续延伸，你又怎么能说，再也找不到与自己同路的人了呢？

从前有位禅师，他看到月亮钻破云朵，撒下皎洁的光。此情此景使他非常开怀，忍不住大笑起来。这笑声惊动了附近居住的村民，人家纷纷朝着发出笑声的方向走去。当这些人看到禅师快乐的表情时，也都开心地笑起来。快乐的情绪是会传染给其他人的，从禅的角度说，任何一种情绪都会传染给他人，但只有多多地传播善意愉快，这才能给自己带来更多的快乐！

以一种不执不取、不生嗔恨的心态面对逆境恶缘，同时，我们要懂得这个道理：任何的顺境善缘都是短暂的，逆境恶缘也是如此。这样去想，烦恼便先消减了一半。

6. 照着事物本然的样子来接受才是自由

古时候有个人向一位不惧生死的武士请教，为何他在战场上如此英勇，能将生死置之度外。这个武士很谦虚地说："我只是想着杀敌人，却从没有想过其他的杂事。"如果人们都能只想着自己应当做的事、正在做的事，而不是心猿意马地胡思乱想，那么杂念就会减少许多，杂念减少了，心灵的负担也就轻了。

最高的慈悲是什么？那便是善待众生却从不想着有所回报。只有将自己投入到世间一切众生之中，尽自己最大的力量去帮助他们，才能最大限度地减少心头的杂念。当一些事情关乎我们自身的利益时，我们便想得很多，即便没有问题，也会生出苦恼。但善待众生的人，首先会考虑他人的利益，对自己考虑得很少，所以他的杂念也很少，杂念少了，烦恼随之就少了。

杂念的源头就在人们那颗不愿平定下来的心。生活中稍微有些风吹草动，心便躁动不安，种种念头同时涌起。杂念越多，就越难集中精神处理问题。要想让心安定下来并不难，你把问题只是看作问题，而不要想问题带来的结果是好是坏。不带着评断去看问题，最容易看到问题的实质；停息杂念再解决问题，最可能得到满意的结果。

人们对自由充满着种种误解，以为由着自己的性情来、放纵性情、不顾道德便是自由。只能说这是很肤浅的看法。真正的自由，就是不加评断地看待事物，就是照着事物本然的样子来接受。这就好比，我们喜欢一个人，就是喜欢这个人本来的样子，如果试图把他改变成自己喜欢的那种样子，那么这就不是真正的喜欢。只有发自内心的接纳才会有真正的喜欢。

人们可能会认为，他人的存在和自然的存在都有同样的目的，都是为了被人利用，但禅者看到的却是，通过他人，通过自然，我们能看到世界的更多面貌，能感受到更多的美好。无论是带给自己麻烦的人还是自然环境，都能够让自己领略到更多的生命姿态，于是也就不再会因此而烦恼。如果你也能这样去想，那么就不会有看某人不顺眼，或者身在某个自然环境不自在的感觉了。

有人说沉稳安静的性情最好，有人说活泼外向的性情最好，其实，无论哪种性情都好。沉稳安静的人可以在禅中感受到鲜活灵动的生命体验，活泼外向的人可以在禅中磨炼出深沉安稳的成熟心态。生命的姿态原本多样，何必要整齐划一？在禅的世界里，每一个人都有他自己的个性，何必放弃真我去学做别人？

与人发生矛盾，过去的就过去了，你若是为了过去的矛盾还在生闷气，那便是不肯放过自己；别人带给自己的帮助，虽然过去了但也要时刻感恩，如果别人给予自己的再多恩情都能抛下，那么你对他人还会有怜悯之情吗？禅讲放下，也讲拿起。

有位禅师初修行时，因其修为高妙而使百鸟衔花来供养他，这令他沾沾自喜。但当他真正有所成就后，反而对这种“荣耀”不再执迷了。世间多少人在做事业时，通过自己的努力都能达到“百鸟衔花供养”的程度，却很难再忘记这些奉承和名利了。于是，他们就甘愿沉沦在奉承名利之中，导致事业再也不能有所发展。可见，禅宗里的这个故事，对于现代人来说还是颇有启示性的。

不执着，就无挂碍，也就不会有杂念。但作为一个平常人，杂念是随时生起的，但也可以随时止息它们。当杂念生起来时，你就把心念转移到自然之中，天上的月、身边的树、院子里的花，哪一个不是美好事物的显现？杂念搁置下，你便进入了精神世界的大自在中。只有这时，你才是一个真正的生活者，而不是杂念的囚徒。

从前有个农夫，他使用比较原始的方法来取水灌溉，有人问他：“为何不用更先进的办法来取水，比如造一个汲水装置呢？”他说：“汲水设备虽然省时省力，却会让我的心灵失去活力。太过机巧的装置，会让人生出懒散怠惰的毛病来。”很明显，这个农夫的行为带着一种禅意。而现代人想要的机巧太多，却是为了放纵自己懒散怠惰的毛病，于是劳动的美感便无从体验，于是人也变成了一种机器。

人应该葆有一颗童心。你们看那些天真的小孩子，遇到不愉快的事不会一直想着它，但是遇到了一点儿高兴事，就会整个人都兴奋起来。生活需要这样的态度，不然，像那种遇到一点儿事情就焦虑不安，闷闷不乐，就会给身心带来极大的摧残。

暂时的顺利很可能潜藏着未知的不顺；眼下的逆境恶缘也许预示着不久之后会有意外收获。人生从来就不是绝对的得与失，而是一个在得失中不断均衡的过程。

智者大师四处云游时在路上遇到一个小孩。他问："你手里攥的是什么呢？"小孩说他抓了一只甲虫，这甲虫鸣叫的声音很动听，就想带回家。智者大师就劝道："还是放了它吧，给它自由吧。"小孩偏不听，他把手松开时却哭了。原来，那只闪着光、鸣声动听的甲虫已经死了。我们就像这个任性的孩子一样，因为把一切抓得太紧，结果反而失去了更多。

7. 自己无法左右的事不放下又有什么用

都市人生活压力大，觉得生活费力且觉得人生非常辛苦，但这压力并非不可化解。当我们放下以自我为中心的想法，放下对种种事物的挂牵，放下偏见，从紧绷的状态中放松下来，就是这么简单。只有在身心放松后，生活才会变得简单美好，但这种放松乃是学着放手那些自己根本无法左右的事。

有个人经常抱怨，他说他怎么一直没有感觉到生活中的禅意。我便问他：“那么，你给自己放松心灵的时间了吗？如果没有，那就别去抱怨！”

每天保持一定时间的禅坐，并不是说要制造出一种自我催眠的状态，更不是说要就此远离劳作。禅坐是为了让我们从紧张忙碌的状态中暂时解脱出来，待身心的疲劳清除掉，内心的状态调整好，便又可以精力充沛地去从事各项工作了。如果你不会放松，那么必然不知道如何提高效率，而禅坐则是最省时、省力的放松方式了。

在繁忙劳碌之后，最佳的放松方法不是暴饮暴食，或者找个地方玩乐一番，而是在一个安静的场所里静坐并轻松地呼吸。在这静坐的过程中，我们可以不断地集中注意力，从而训练自己变得更加专注，同时保持精力，使其不至于浪费，同时积蓄力量，使自心更加沉稳坚定。这就是禅坐给生活在现代社会的人们带来的重要作用，没有夸张，也没有不合实际，而这只是禅生活的一个方面而已。

在工业化社会里，人们的心如此深刻地纠缠在日常生活之中，他们几乎忘记了生活的意义在于创造和欣赏，而是被种种琐碎事情干扰着，缠裹着，一刻不得轻松。精神和心力几乎耗尽，又如何再谈创造与欣赏？但如果在劳碌的间隙处静坐片刻，或者只是看看周遭的风景，那么这对于恢复能量都有着益处，而这也是禅所提倡的生活方式：有张有弛，有放松才能有舒适。

对于大多数人来说，生命不过是沉重的负累，而许多人将在碌碌无为中延续着这种负担。但受过禅学训练的人却知道，在工作强度增大时应当先静坐下来；在心头烦恼生起时，应该设法让自己安静下来；当身心累了，那就去休息；面对自然美景时，那就放下心头的牵绊去好好欣赏。生活的脚步不能走得太快，总要适时地停下来调整身心，然后才能更轻松地生活。

生活在高压力、高强度的工业化社会，做事就要直截了当去做，不要犹豫徘徊以至于白白地浪费了心力，给身心造成无益的消耗。现代人心中的念头多了，但有多少是对现实生活根本起不到作用的呢？恐怕你数都数不清楚吧。

心灵的放松不是通过彻夜狂欢、恣意放纵来实现的，其实这些行为不过是对精力的消耗。心灵的放松应该以更平和、更安静的方式进行，如此才能使精神之泉保持流动。比如，在工作之余保持着自己的兴趣爱好，在日常劳动之外保持着某项运动，在赚钱工作之外保持着对生活的好奇和兴趣。

处理烦恼的过程，其实就是化解“我执”的过程。当我们学会遇到问题先反省自己，遇到好事先让给别人，遇到麻烦先想到自己去承担时，当所有这些行为都成为一种自觉，那时我们的心就算是从“我执”当中挣脱出来了。

一个人生活，面对的只有内心的念头和外部的困境，但与人接触多了就会发现，每个人都是烦恼缠身，你内心痛苦焦灼，别人也是如此。此时，你就会生出对他人的同情和怜惜。人是一种感情动物，当看到他人同自己一样承受痛苦时，便会生起照顾对方的意愿。

只要你真诚无私地奉献，就一定会得到丰厚殷实的回报。世间的规律就是如此。但是，你千万不能因此就把奉献当作一种手段。

我们的精力和社会的资源都那么有限，哪里能够轻易浪费掉呢？如果购来太多的东西，就要经常整理房间，每次整理时都会耗费心神与时间，你看到自己买来那么多不需要的东西又要懊悔，给心理增加负担。倒不如从开始就选择简单干净的生活，同时更要保持内心的简单干净。

心性越简单，生活就越简单；心中欲望越少，人生的阻碍就不会太多。淡泊清净的生活，不需要我们对自然、对社会、对他人索取太多，依赖太多。一个人如果养成无限度的索取和依赖，就会失去自主性和独立性。

一个人，只有内在和外在都充实，精神生活和物质生活都有保障，才有资格谈到人格和品性的成长。

越是精神空虚、心灵萎靡的人对物质的需求和占有欲望就越高，他必须用物质生活来填充自己的虚荣，彰显自己的成功，并制造出快乐的表象。其结果就是，他沦为了金钱和物质享受的奴仆，终其一生都在劳累中度日，没有一时一刻是轻松安乐的。从禅的角度来看，精神的充实才能给生命带来真正的享受，内心的宝藏，才是值得一生守护的。

有什么样的心态，就有什么样的生活，就会遇到什么样的境遇。不要说单纯的人都是傻瓜，单纯的人对他人索取得少，因而依赖性也少，他们的自力性会比较强，从这个角度来说，单纯且葆有童心的人，才是最幸福的人。

要检验你的心念是否正确，就要看你最近的生活是否得到了改善，你的人际关系是否变得更和谐，你的缺点毛病是否真的在减少，愿意和你亲近的人是否变得更多。如果这一切的问题，你都给出了肯定答案，那么你的心态便一直葆有正向的力量，但是，你要一直保持着，让自己永远生活在正念之中。

一个商队航行在海上，有人问领队的商人："是一滴淡水更珍贵，还是无垠的海水更珍贵？"领队的商人说："对于又饿又渴的人来说，自然是淡水珍贵；但对于海边的渔夫来说，自然是海水珍贵。"在这世上没有什么是不可贵的，只是，根据具体情形的不同，事物的价值也有不同。所以，别再妄自菲薄，认为自己一无是处了，你是海水还是淡水，这要看你身处何种境地。

第六章

在坏的际遇里看到好的方向

1. 在坏的际遇里看到好的方向

一个真正意义上的人，他懂得对自己的心念和言行负起责任来，他明白生活里的一切境遇都是自己心念言行招致来的结果。因此，他肯反省自身，他也明白只有内心充实安静，生活才能过得踏实安然。他不是用钱去买来快乐幸福，而是他本身就是幸福的源头。

中国古代有位道信禅师，他说，真正的禅者都是“守一不移”的。把这个观点拿到当代社会来看，我们不难发现，要做好所有的工作，都应该是如此：心守一事，不动不摇。而那种做做停停、神不守舍的做事态度，应该是我们尽力避免的。

当我们把心专注在一个对象上，心就会安静下来，停止散乱。比如，把心停驻在感恩、善意上，停驻在对美好事物的观察上，久而久之，你会发现，自己的心再不似以往那般容易躁动。内心越安宁，生活就越安乐。

当我们有烦恼、困惑、痛苦时，我们才会想到平和安宁的心境有多么重要。就好比，只有我们失去所爱时，才会懂得珍惜；只有我们生病时，才想到健康。可是，心境并不是说平静时就能平静的。所以我们平时要养成静心的习惯，这个道理很简单，你只要专注于自己的呼吸，不要被脑子里来来去去的念头牵着鼻子走就好。

切不可过分显露自己。因为我们如果过分地显露自己的小聪明，就只能看到自己的优点而看不到缺点，如此便会滋生出骄傲自满之心。你带着这样的心去生活，去工作，你还能平静下来吗？在你眼里，别人都是愚钝的，只有你自己最聪明，你还会结交到朋友吗？恐怕早就沦为众矢之的了吧。

现代社会里虽然竞争很激烈，但我们依然不要丢弃与人为善的准则。竞争，那只是一种途径，尽管残酷，却也能给我们带来很多有益的东西。竞争让我们看到自身的不足，看到他人的长处，看到真正适合自己走的路，但是，如果你只是看到竞争中的残酷、失败后的伤痛，那么你终其一生都难以有所进步。

人的心念在哪里，他努力的方向就在哪里。你把心念放在读书上，你就会成为一个优秀的学生；你把心念放在工作上，就必然会成为一个出色的员工。心念集中时，人才是真正地创造着，生活着。然而，我们的心念纷纷扰扰，总是来回变化。今天想从事这个职业，明天想应聘那个职位，想了许多，但真正落实了的事情却不见踪影。

平静内心，就应当先从净化自己的心灵入手。净化心灵的途径有很多种，可以去感恩，可以去忏悔，可以去反省，但如果只是嘴上说得好听，却没有落实到生活中，这依然算不上净化心灵。善意只有成为实际行为才能有意义，不要把善意永远地藏在心里，在适当的时候，也应该将其表现出来。

遇到坏的际遇这不是什么问题，问题是，你能不能在坏的际遇里看到好的方向。禅者在黑暗中也能看见光，哪怕这光再微小。生命里的转机是要靠自己创造的，但在这之前，你应该先有一颗遇事不慌、平定的心。

要平定自心的杂乱不可以只是停留在口头上。当你在生活里遇到问题，心慌意乱时，最简便的方法就是暂时从问题中抽离出来，只是体会着生命在当下的存在，想想大自然中的一切，想想曾经历过的开心事。你越是执着在问题上，就越是会被问题局限住，捆绑住。人应该适当地让自己松口气，等心安定了，什么问题解决不了呢？

每个人都希望自己的生命能够来一次飞跃，但如果没有平时的积累，又何谈飞跃呢？只有把功夫放在平日里，学识也好，能力也罢，都需要一点一滴地积累。了解禅文化的人都知道，禅有顿悟和渐悟，但如果没有量的积累，就不会有质的飞跃。因此，只有那踏实的人最接近成功，只有从小处就不断努力的人才最智慧。

在内心不安静、不平定时，我们就如无头苍蝇一般，在生活里乱飞乱撞，没有目标，没有方向。因为你内心不平静，自然就会被纷纷生起的虚妄念头牵着鼻子走。你看别人做什么，你也想做，而完全不顾自己的真实想法和实际能力。这时候，心便是昏昧的。当你平定了心念，知道自己擅长什么、兴趣爱好是什么、真正向往的生活是怎样，你便有了前进的方向。你看，心安静了，人生才能安定。

带有盲目性的生活最是耗费心神。但世人依旧在盲目性的生活里四处乱转。他们宁可每天连轴转，忙着一些看不到结果的事，也不愿安安静静地坐下来，听听自己内心的真实想法。禅的生活，便是一切都顺其自然的生活，我们顺着自己的本性生活和模仿别人来生活，这是两种境界，而前一种才符合禅意生活。

每个人生活里的问题，首先的还是要从心上去解决。你看别人不顺眼，就试着换个角度去看待他，说不定还会对其报以欣赏的态度；你认为某事让自己心烦，那就想想从这件事中自己能有什么收获，或许你会对之报以感恩之情；你咒骂生活太无趣，那就先让自己变成有趣的人。世间没有完全不好的人、事、物，只是你还没发现它们隐藏着的可爱的一面。

有人问我，如何才能活得不那么累。我很奇怪啊，我一点儿没感觉到生活很累，反而还觉得生活让我有了创造自己人生的机会，我高兴还来不及呢！其实，生活并不会让人觉得累，只是我们太久没有让心休息了。

北宋的王安石，曾力主改革，却遭到罢免，虽然后来再次上台，但不久之后又被辞退。在几经宦海沉浮之后，他反而把心态调整得比较淡然了。所以，我们无法避免在生活中遭遇创痛，但是否能够疗愈创痛，疗愈到什么程度，可是全看我们自己了。

2. 踏实地为每种可能创造条件

一个人无论多么富有，他都留不住每一个逝去的今天；一个人多么贫穷，他都同样地拥有数不清的明天。心门若敞开，每一个清晨，都将是生命的全新开始；心门若关闭，即便你拥有再多的明天，那也不过是毫无意义地混日子而已。

世间的一切人、事、物，无不是根据内因外缘而生起、存在又消失的。比如，暑热天气来了，我们不能阻止它不到来，春暖花开的时节再好，我们也无法使其无限延长。我们只要保持着欣赏的态度，去观察、感受这些变化就好。即便有些变化给我们带来了苦恼，可我们也该知道，它有到来的时候，自然也有离去的时候啊。烦什么呢？

中国有个成语叫“适者生存”，这个“适”便是随顺着外部环境而不断调整自己。能够随遇而安的人，并非是真的不上进，而是他们知道，既然外部条件不可更改，那么随顺着外部条件来调整自心，调整计划，这也是一样的啊。人要灵活地活着，而不要死板地候着。真正的禅者生活，就是这样的。

对于生命发生的一些事，我们都有不能做主的时候，但我们依然可以选择向善生活，向着光明前行。一个人经历了什么并不是最重要的，重要的是，他是否还有选择坚强和乐观的勇气。

世间的种种事物都不是孤立存在的，都有着内在、外在的联系，而人的一生也处在不断的流转变化中。因此每一天都可以看作是生命的新起点，不论过去如何失败，至少在我们睁开双眼迎接今天的时候，都意味着我们又迎来一个改变自己命运的机会。

我想怎样就怎样，一切都要按照我的意志运转，无论什么事都要由我做主，这些话听起来是不是觉得很可笑？因为世间的一切自有它们的运行规律，又岂是人力可以随便改变的？但不幸的是，相当一部分人的痛苦，正是因为这些愚痴的念头作怪，而且他们自己都意识不到。

同样是新的一天降临，有些人满怀喜悦地准备创造新生活，有些人却沉迷在过去的时光里叹息或怨恨。如果说，生命是一个不断积累的过程，那么前者的生命体验必然要比后者更丰盛。而前者，用禅家的观点来看，是真正懂生活、会生活的人。

人的意志是从艰苦磨砺中锻炼出来的，你看那些生活顺风顺水的人，稍有不顺就烦恼丛生，稍有成就便忘乎所以，他们不懂得珍惜，往往因此而错过生命真正的转机。而那些经历过困苦的人，他们将每一天看作是生命的礼物，努力地活着，使生命不断向上发展。在困苦境遇中磨炼出的平常心，总能让他们平稳地渡过一个个风口浪尖。

面对世间的万事万物，人们要么是处心积虑地抛弃，要么是不择手段地求取。但是有求便有苦，因此禅家认为，在每天清晨能够想清楚自己需要什么而又不过分求取的人，都是很幸福的。

如果你一心想要做成某事，与其焦虑难安倒不如勇敢地创造条件。从禅的角度来说，万事万物莫不是种种条件的聚合，如果条件不成熟，事情自然是办不成的。但条件也是可以创造的，只看你是否能踏实地去做，还是无所事事地抱怨。

总有些人把“无所求”当作自己懒惰松懈的借口。禅家所说的“无所求”并非是说让我们什么都不做，你不劳动，不工作，又如何维持生活呢？无所求是要我们积极地做事情，踏实地创造条件，顺其自然就会有结果。只问耕耘不求结果，这才是人生应有的态度。

一旦你的心中有所迷惑，在为人处事时就会表现出各种的执着，因而给自己的身心带来许多痛苦。不迷惑的心理状态，就是知道一切都在变化之中，虽然无力改变一切条件，但至少可以努力地改变某些条件或创造某些条件。什么都不做，只是等着事情出现转机，这便太愚蠢了，然而这类人还是为数不少的。

善良的心念、善良的行为，总能使人沉浸在幸福愉悦之中，现代人一边慨叹善良难寻，但又不肯反思自己的言行心念。善良并不是你期待别人给你带来好处，而是你能发自内心地先去关爱别人。

人们事事都是为自己而求，为自己而忙碌，在与人相处时也多是从自我的角度出发。在禅者看来，这种彻头彻尾的自私行为将会给自己带来许多麻烦和损失。最正确的做法不是一味地牺牲自己，也不是过分地为自己贪求，而是在为人处事时实现自己与他人的双赢，这也是禅门所说的“自他两利”。如果在每个清晨，你先想到的是如何利益他人，那么这一天对你来说，便是创造善意的过程。

有了欲求，就会有苦有乐。但这并不能说欲求就应该统统消灭掉，因为并不是所有的欲求都是错误的。那些具有正向意义的欲求是我们应当提倡的。所以，在每一个清晨醒来时，能够把正当和不当的欲求区别开的人，必然是智慧的人，他必然会带着正向欲求开始一天全新的生活，而生命中每一个崭新的早晨，对他来说都是营造美好人生的开端。

昨天如何，已经成为过去，不论悲喜，不论成败，都不再回来。所以，那些在今天的晨光中为昨日流泪的人，最不可原谅，因为他们不仅浪费了昨天，也浪费了今日。

对于一个踏实生活的人来说，一生之中只有“今天”才最重要，一天之中只有“当下”才最可贵，因为只有这两个时间，才是人生的真实起点。

以前有位学僧，他为了能让自己内心清净，没有杂念，就刻意地躲开一切事务，也不和别人往来。某天他的师父在禅房里打扫，他却一动不动，于是师父就说：“我这么忙，你却不来帮忙。”学僧说：“您即便再怎么努力打扫，屋子里依然会有灰尘。”师父说：“不论你再怎么逃避，内心还是会有烦恼。所以，何苦这样呢？”

3. 只有学会如何放松，才能懂得如何加速

有个禅僧自认为修为不错，但就是经常被烦恼困住，以至于无法正常修学下去。他的师父说：“你看人们爬山，都是怎么轻便怎么来，不怕走得慢，才能真正走得远。”很可惜，我们一直都看不起行动慢的人，固执地认为他们要么是懒汉，要么就是傻子，其实，或许他们才是真正能够走得长远的人。

一切对立面都是可以消除、融解的。比如快与慢，在很多时候我们以为不停地忙碌就必然能够有所获得，但实际上，如果我们慢下来，放松下来，说不定才能得到更多。毕竟，人只有学会如何放松，才能懂得如何加速。

培养安详、随和、自然的心态，而这种心态并不是某个特别的人赋予你的，这是你自己在有过人生经历之后应当沉淀下的一种内在。有了这样的心态，你遇事时才不会张皇失措或者怒气横生。多看自己，向内看自己的念头和习气。当一个人把所有的关注点都放在观察内在时，他就没工夫去理会别人带来的麻烦了。

古时候有个僧人看书看得入了迷，竟然没发现天色已经黑下来了。这时候，他的师弟走进房间就说：“天色这么黑，师兄怎么不点灯呢？”听师弟这么一说，他的心马上就开始动了种种念头，并发觉看东西很模糊，室内光线很暗。有时候，我们把全部心思都用在一件事情上时，外界如何，就真的是可以忽略掉了。这个就叫专

注，用禅家的话来说，这就是把心放在了当下。如果我们一天之中能够有一个小时的时间这样过活，那么很快的，我们就会在自己的领域内有所成就。

这个世上的生活方式虽然千差万别，但没有哪一种生活方式是完全错误的，正如没有哪一种生活方式是完全正确的。你不必把目光停留在他人的生活上，时间那么可贵，还是多花些心思想想，找到适合自己的生活才是最重要的。

世上的事情本就是平等的，所谓差别，不过是人们在各自价值观的判断下的产物。你只要选择自己适合的、自己喜欢的事情做就很好，又何必纠结着要去做自己根本不适合、不喜欢的事情呢？如果仅仅是为了博得别人的夸赞，那么你真的是活错方向了。

禅家认为，指导生活的方法不应是僵死的，而应该是灵活的，要根据不同的人、时间和原因做出区别。比如，有些工作你要用一种方法来完成，而换了别的工作，就应该用其他方法来完成。禅家讲“不将死法与人”，就是说只要能安排好生活便好，没必要把方法固定下来。

生活中的困境很多，你只有满怀勇气才能挺过去。但在有禅心的人看来，要走出困境也很轻松，只要不把它想象得有多难就好。在很多时候，我们是败在了自己的怯懦面前。所谓的困境，不过是空中偶尔飘过的云翳，它总有散去的时候，或者，我们大步地从云翳的阴影下走出去。

真正让自己不得自在的东西，正是自己的念头而并非别人施加的外力。当你躺在床上即将入眠时，你头脑中涌起的却是各种妄念，比如某个得罪过你的人，比如某件还没有完成的事情，比如未来一些不可预知的情况。你越想越清醒，但情绪也变得越差。你失眠了，满心烦恼，可这个源头，还不是在你自己身上吗?

要从妄念的枷锁中解脱出来，就要做到心不二用。睡觉时就是睡觉，工作时就是工作，应该做什么事情时，就安心地专注在一件事情上。人的精力很有限，你不可能心中装着其他的事情还能做好手头的工作。把一颗心分成几个部分，这便产生了妄念，凭空地就给身心套上了锁链。

诚然，我们的生命有着许多缺陷，但这些缺陷却是由我们自己造成的，无节制的贪欲、常年的怨恨以及永不满足的求取。比如当你对某件物品生了贪欲后，你就应该想到任何一件物品都不是永久存在的，自己又何必将有限的时间耗费在无限的贪求中呢?

我们的生活不过是一种混乱和挣扎，因为我们找不到让自己超脱自在、喜悦平静的方法。生活中的“俗务”确实很多，柴米油盐这些琐碎也确实令人心烦。但你转念去想，至少你还有工作可以安身立命，至少你还有家人陪伴，你的烦恼，说不定就是别人眼中的奢求，你还有什么不满意的呢？你如此去想，烦恼不就减少了许多吗？要学会在烦恼中找到清凉，这不是自我安慰，而是对生命的关怀。

中国古代有位名气很大的赵州禅师，一次有人不远千里来问法，他起身就去倒水，上厕所，回来后说：“你看，诸如倒水、上厕所这种事情，是没人可以代替的。所以，世间一切事情无论大小，都要靠自己去实践，而不是嘴上说说就可以的。”当你感叹着别人获得的成绩时，请不要忘了，你与别人并不差什么，你只要踏实地努力，踏实地做事，你一样可以有所成就，放下怨天尤人的情绪，好好地工作生活才对得起生命。

你学着别人的样子过活，即便过得再好，那也不是你自己的生活，你又有什么可骄傲的呢？

愉悦感是自内心生发的，它与外境无关。你能随时随地观察到妄念，并且熄灭那些不合实际却徒增愁绪的念头，你就能够一直快乐下去。

有人向一位禅师求教，怎样做才算是治学的正确态度。禅师用瓶子装了一些水，又放进去一个盐块，很快的，盐块就溶化在水里了。他说：“努力用功是不错的，但最智慧的还是要给自己留有余地，而不是把生命给填充得满满的。”

4. 凡是能让自己产生强烈情绪的事物，都是值得留意的

从前有个学僧名叫道岫，虽然他在修持上很下功夫，但始终没有领悟。他打算辞别恩师，去其他地方修学，他的恩师说：“难道你换个地方，就一定能有所领悟吗？”道岫一时不知如何回答。其

实，在哪里生活不重要，重要的是，我们是否能在自己的生活中发现最细微之处的感触。

某位禅师在山上居住，没想到这么简朴的生活居然也能招来小偷。当然，这个小偷什么都没偷走。小偷愤愤地骂道："可真穷啊。"禅师却说："我还有天上月光呢。"当我们抱怨自己生活过得不如他人时，我们是否真的发现了自己生活中独有的美呢？

生命中最大的乐趣，就是善于在生活细节中发现美感。你可曾观察过街边的孩童，他们总会因为一点小发现就快乐惊喜。如果你也能有孩子一般纯真的心念，同样也会在生活的细节中发现快乐。

人的嫉妒心理是多么可怕啊，它能够遮蔽所有智慧的光芒。你看到某个人很顺利地就完成工作，或是一下子就做成一个大生意，你就开始嫉妒人家。可你是否想过，他们的成功都是不断积累的结果啊！一分积累就会有一分的成就，你有嫉妒人的工夫，倒不如把精力用在积累善因上。

有些人为了使自己免受伤害，就将自己的心封闭成一道墙。可是，任何能够伤害我们的东西，都不在外部，而在内心。好比有人骂了你，你就耿耿于怀，即便事情过去了好久，你也依然放不下这种怨恨。在这种情况下，伤害自己的便是执念，而你所怨恨的那个人，早把此事忘记了，到头来你受的便是双重伤害，多不划算！

如果你不执着，不攀缘，就不会有任何烦恼缠裹着你。天下本无事，庸人自扰之。生活中有那么多足以感动、足以震撼的东西你不去欣赏，却偏偏要黏滞在不快乐的事情上，这又能怨谁呢？

人我是非、苦乐喜忧，这些东西本是极为平常的，谁的生命中不曾经历过呢？可为什么偏偏是自己要因此而烦恼呢？说到底，还是因为自己不明白事理。禅家倒是觉得，就让这些人我是非、苦乐喜忧在自己的生命中不断地出现着，存在着，不去攀缘就可以了。当你仰望月亮时从不会去想要抓住那光亮吧？因为你知道，这月光不会永久存在，是不应当执着的。同样的，看待是非苦乐，也应该有这样的心态。

若要做一个“生活中的禅者”，我们就要对自己的念头、情绪和行为保持着警觉性。我们在平时生活中，总是处于一种无意识的状态。对自己的念头和行为根本就不曾留心过。与其在伤害自己和他人之后再去忏悔，倒不如从一开始就把控好自己的心念和言行，带有负面力量的心念必须及时停止，但最智慧的做法还是在每一个时刻里都心怀着善念。

凡是那些让自己产生强烈情绪的事物，都是值得我们留意的。因为在强烈情绪的背后，是一颗起伏不定的心。要想做成世间事，先要把心安定下来。当心不平定时，你可以试试禅家的方法：轻轻地呼吸，数着呼吸的次数，暂时把自己与当下生活隔离开，然后再去看待这起伏的情绪。那么你会发现，平定自己的心，比改变世界要简单得多。

一个真真正正的好人不仅是心存善意的，也是对这个世间众生给予方便的。你给众生多少方便，就是给自己造了多少条路。当你看到有人遇到困难却总能得到帮助时，就应该以此来激励自己，一定也要做个尽力帮助别人的人，这样才不至于在困境中久久徘徊。

我们应该学会安静，学着去爱周遭的一切，学着去包容，去吸收，去创造，去观察生命并且在生活的细节处找到存在的意义。当一个人，真正具备了这些品性的时候，不论他身处何方，是否富有，他都能生活得很幸福，并且还会把这幸福传染给身边的人。

我们不应该顽固地生活在理智中，而应该生活在意志中。有时候，所谓的理智可能是毫无结果的钻牛角尖，除了带来不断的烦恼和偏执之外什么都不会留给我们。因此只要保持适当的理智就好。但如果没有意志，那我们做什么都不会坚持下去了。比如欣赏周遭的美好，在生活的细微处找到感动自心之处，这都需要对生命的强烈意志。

生活意志不够强的人，总是带着戾气和绝望看待生命，生命于他们而言成了煎熬。禅的一些训练，正是为了增强人们的意志，这需要我们从生活的安适中走出来，将自己暴露在困境之中。这种自我磨炼的结果便是，意志增强了，包容度也增加了。如果一个人同时具备了这两种心性，那么我觉得他不论在哪里都能够很好地生活下去。

世间的一切纠纷和苦恼，不外乎是在自我执着的圈子里打转。他刚才的那句话是什么意思？他现在的这个决定对我有什么影响？他做的那件事情是否损害了我的利益？即便只是别人无心的一句话，无关痛痒的一个决定，都会让我们的心波澜不断。但你所谓的损害、影响等，不过都是自己的揣测而已，事情没发生之前，一切都是未知的，为何要在未知中惊恐不安呢？

在现实生活中，我们总会被人伤害，被人冤枉，陷入苦难的境地，承受身心的痛苦。但是从禅家的角度来说，这也是我们反观自心的机会。你看，不可能每一个人都顺心，也不可能有谁一辈子不受伤害，别人能挺过去，为什么自己就不能呢？你如此去想，就是在给自己的意志打气，瞬间就变得坚强无畏起来了。

你且看那富有显赫的人，再看那位高权重的人，他们和你一样，内心充满了苦恼，身心被烦恼所缠。但你和他们又有所不同，即便是在困境中，也会试着在身边的寻常事物中寻找到点滴乐趣，比如清晨路边带露珠的牵牛花，还有拂面而过的阵阵清风。这一切都是大自然的馈赠，也是生活细节处的美好，为何不安心受用呢？

5. 做些寻常的事情，还生活本来面目

古时候的某位禅师有三个弟子，某天，师父问这三人："我门前有两棵树，荣一棵，枯一棵，你们说是枯的好，还是荣的好？"大徒弟说："我看荣的好。"二徒弟说："我看枯的好。"三徒弟笑笑，说道："枯也由它，荣也由它。"是枯是荣，全是外境，我们左右不了，枯之后是荣，荣之后是枯，看到了这个规律，我们心里也该有底了吧。

香严智闲禅师饱学经论，后来去拜访师兄灵祐禅师时，灵祐禅师对他说："听说你一向博学广识，现在我问你一个问题吧，在父母未生我之前的本来面目是什么？"智闲听后一时语塞，想不出答

案。多年后，有天他在菜园子里除草，忽然锄头碰到了石头，只听“咣当”一声，智闲禅师顿觉身心畅达，终而大彻大悟。原来，这本来面目就是生活本身。

有个弟子去拜见一位禅师，他问：“弟子请教您个问题，为什么我觉得自己这些年来总是进步缓慢，在禅修上难以有所突破？”禅师拿起茶壶，往杯子里倒水。眼看水快倒满了，可禅师却仍不住手，依旧往杯子里注水。他说：“你心里就和这杯子一样，装满了东西，自然就很难再装下水了。”所以，人生不必太饱满，留有空白，才能有所进步。

我们生活在一个充斥着野心的世界，因为要维护自己的野心，我们对自己的爱便十分强烈。但禅提倡的是一种大爱，这种爱需要做的是消灭自我，它把我们从对自我的执着的爱中带了出来，当对自我执着的爱消失了，因此而产生的痛苦也就减少了。

慈悲而柔软的心比任何武器都强大，正确、健康的生活方式比横生野心更重要。当人们只是看到野心带来的物质利益，却忽略了野心将自己带入一个又一个的漩涡中，这漩涡的名字就叫烦恼。

当你迫切地想要拥有某件东西而又不肯付诸行动，这才是对生命的戕害、对生活的扼杀。从禅的角度来说，人的惰性都有改正的可能，只是要看你是否愿意。当你的心念提起时，你会很努力地去追求梦想，而不是怀着梦想不去行动，任其枯萎凋谢，然后又叹息自己愧对光阴。

生命不过是一个来来往往的过程，在这个过程里，有人离开，有人停下，但并没有什么是真正能够永远留住的。我们只要不去攀附，不去执着，享受生命中的每一刻就好，为什么一定要叹息，要难过呢？

生命不需要我们刻意地控制，我们只要控制好自己的情绪和心念就好。禅认为，我们真正能把控的只有自身的情绪和心念，至于外物如何，那就随便它吧，反正心怀善意的人总会遇到善意，懂得安享生命的人总能遇见奇迹。

如何才能不被生活绑架？其实，当你从不切合实际的愿望中跳出来，当你看到空中的明月想到的是“月光多皎洁”而不是明天要应付的差事，当你开始接受自己原本的生活状态而不是盲目羡慕他人的生活时，你就已经踏上了创造生活的旅程。生活在你的心中、手中是一件艺术品，而不是捆绑你的绳索。

感恩是一种积极向上的美好心态，感恩是一种予人温暖的行动。很多人都把感恩当作了一种巧妙、智慧的处世哲学，也有人说感恩是作为一个善良人的基础，还有人以为，不懂感恩的人，就不是完美的人。但禅家的想法很简单，当你有一颗感恩之心时，你才能对自己、对生活更上心。你且看那些不懂感恩的人，他们对自己的生活都不会特别上心，因此他们经常过得很混乱。

当你遇到误会你的人、刁难你的人，如果你对自己特别有信心的话，是不是也不愿意过多地解释？没错！生活是要付诸行动的，而不是把时间都浪费在毫无意义的打嘴架上。

你给了别人什么，你就会从别人那里得到什么。你想得到人们的尊重，你就要先从内心开始尊重别人。你想得到爱，你就要先学会爱。你希望在自己遇到困难时被别人帮一把，那么在平时，你就要多去奉献。这个世界很公平，你的收获与付出总是成正比的。这也是为何禅家经常说，有一颗平等包容的心，乃是此生最大的幸运。

如果你不能在有限的生命中活出真正的价值，那么所谓的自由便是一个空洞的名词。而那些打着自由的旗号，或者空有野心，可实际上什么都不去做的人，更是对生命的亵渎。

野心如果用得到位，那也不失为一种前进的动力，但如果野心用错了方向，那就不只是给自己带来灾难了。如果是为了让更多的人生活得更好，那么带着野心去做事业也无可厚非，如果只是为了让自己过得更好，那么这样的野心还是不要为妙。

对于那些足够智慧的人来说，野心再旺盛，也永远是野心，它比不上一颗清净慈悲的心，就好比苦瓜永远是苦瓜，无论如何都不能使它味道变甜一样。所以，别再给自己的狂妄找借口了，安静下来吧，做些寻常的事情，在寻常的事情里找到乐趣，这样的生活难道不更为安心踏实吗?

每当人们感叹世风日下、道德败坏，世间魔鬼横行的时候，我都想说，禅的世界里从来就没有邪恶的人，更没有魔鬼。一个人的品性就如同一枚硬币的两面，必然是有好有坏，全善、全恶的人是不存在的。那么，你只盯着他人不好的那方面看，可见你也未必就是真的善良之辈。

曾经有一个对禅学非常痴迷的人来问我，为何他经常跑到各处去聆听禅师的教诲，却依然不见生命有什么改观。我问他："你只是听了，那么，你做了多少呢？"你可以把禅视作一种处世态度，也可以将它看成是修养身心的手段，或者把禅看成是对人生的启示，但不管你如何看待禅，你都不能只是听别人讲的道理而从来都不去亲身体会和实践。

有些人说管不住自己的坏脾气，而又深受其苦，于是就想从禅学中找到方法。这个其实很简单，当你发怒时不妨问问自己，你是从出生以来就很容易愤怒，还是当你愤怒时从来就没有观察过它，从来没有想过要对治它。如果是前者，那么这怒火是谁给你的呢？如果是后者，那么愤怒时真正痛苦的人又是谁呢？当你觉悟到，除了自己无人可给自己怒火时，那么你定然会明白，愤怒时真正痛苦的人只能是自己。那么，你还要对自己的坏脾气继续放纵下去吗？

多少人都把野心与雄心混淆了呢！就像许多人，他们把做事情的过程混淆当作结果一般。当人们习惯性地追求结果时，如果结果不够理想，那么就会非常焦躁，失望，痛苦。但他们往往忽视了做事情的过程，其实也可以从中感受到幸福和成就。所以，这些人他们只有野心，却没有雄心。雄心，是需要一定的眼界和气魄来承担的。

在追求梦想的路途上，禅带给人们最大的启示，我觉得就是保持淡然平和的心，顺应着事物的变化规律，平静地对待生活中的一切，然后找到解决冲突的方法，将自己融入社会之中。这是一种禅心，它有生命力，也有弹性，这些又岂是野心能够相比的？

若是你的心中充满了光明，那么你看到的一切都将是光明的；如果你的心中满是黑暗，那么生命中也将是一片黑暗。以禅的思维来看，世界上没有什么是“一定要这样”的。可是人们痛苦的根源就在于，一定要让事情符合自己的心意，一定要得到什么东西，他们把这个叫作野心，但在禅家来看，这不过是愚痴的念想而已。

禅家有一句话非常了不起，叫作：“高高山顶立，深深海底行。”你如果想得到非凡的成就，就必须能够经受常人无法承受的一切。就好比那些禅者，哪一个不是承受住了苦修才对生命有所领悟？而那些野心满满又妄自尊大的人，他们的心态就已经预示了他们的结局。所以说，有些时候，你做事情是成是败，都是可以从自己的心态上预测到的。

一个人最成熟的心态就是，为自己的生活设定切实的目标，但又不会特别执着地计较成败结果。有目标，才能有所追求，让生命有了努力的方向，而当你对结果不是特别计较的时候，你就可以充分享受实现目标的过程。这就是为什么，那些野心极强而能力又不高的人会过得比较痛苦。

6. 直截了当地去生活是对生命的尊重

我们的每一个念头，都会导致做出相应的言行，而我们的言行又会带来相应的结果。既然起心、动念是如此重要，那我们每天就多说一些感恩的话吧，但一定要发自内心才好。你的真诚和善意，总会给你的人生带来意外的收获。

如果我们总是把念头执着在自己身上，就会经常把自己摆在第一位，把他人摆在第二位，进而便只看得到自己的利益，而看不到他人的利益，再然后，就会为了自己的利益侵犯他人的利益。可是即便得到了快乐，这快乐也是很短暂的，却要为这短暂的快乐背负无限的心灵负担，这可真不值得啊！

在当代社会里，禅的精神并没有与现实生活脱节。我们的力量、智慧、才干，只有奉献于社会才称得上真正有意义。因为，一滴海水的力量总是微弱的，而只有它汇入海洋，才能找到存在的意义。人也是如此，只为自己的利益而做出的努力，它的价值实在是太微小了。

在每一个善念生起时，在每一个善行落实时，我们都在自己有限的生命中，找到了无限的意义。单独个体的力量总是有限的，但如果大家把力量合在一起，那么将成为一股洪流，在这洪流之中，大家的利益都能得到保证。

在我们过去的人生里，总会犯下错误，做了错事。这些错误不能被挽回，我们心头的重负也不是一两天就能放下的。但我们却可以在真诚的忏悔中净化自己的心灵。知道忏悔的人，就如同一块璞玉，在经过磨砺后放出异彩，而这类人，也是我们最为可亲、可近的朋友，至少他们的内心是充满善意和良知的。

人生里既有欢喜又有悲愁，有得到也有失去，没有什么是一成不变的，也没有什么是不可改变的。一旦黏着，就意味着限制住了自己的人生发展。比如你失业了，这个事情很糟糕，但你如果意识到失业也是新的开始，就会鼓起勇气开始人生的新局面。人怎么会一辈子都在失去呢？有失有得才是常态，除非是你贪求得太多。

我们应当怀着宁静淡泊的心态，来努力完成世间的每一件事情。而那些不认真、不努力的人，必然也是内心不能宁静的人。

一个人的成功，离不开机缘，但机缘在哪里呢？你只要准备好该准备的，然后留心你的生活，便能找到无数个机缘。机缘都是靠着自己留心生活才得到的，而不要指望着有什么人能“赏赐”给你。

在工作、学习和生活上，许多人都是在等机会，但机会为什么一定要等呢？还有，为什么你就那么自信，机会能降临到自己头上呢？没有勤奋、上进的心，没有充足的准备，即便机会到了眼前，对你来说又有什么用呢？

直截了当地去生活才是对生命的尊重！如果你把时间浪费在畏惧、犹豫和焦虑上，结果很可能是，你一件事情都没做，人生价值没有实现，最终不得不承认自己一事无成这个事实。但你永远不会想到，原本你只要勇敢地生活，直截了当地做事，就能够避免这种忧伤结局的。

只有那真正无私忘我的人才可能做到珍惜光阴。他们明白自己的职责，敢于承担自己的言行。当其他人都在祈祷获得命运女神的眷顾时，这些无私忘我的人却在想着怎么奉献自己。一个真正的禅者，他明白奉献自我的重要性。在禅的世界里，一切都不是矛盾对立的，比如自我和他人，这两者从来都是互相的。所以，禅意生活离不开无私的心。

如果你不修正自己的心念，任凭那些负面念头操控自己，那么自己的生活中除了无奈挣扎就再没有其他可能了。心内的负面想法需要靠自己来改正，别人谁都无法帮忙。比如，你觉得某人对你有意见，那只是你虚构假设出来的情况，你被虚假的情况搞得烦恼丛生。因此从引起烦恼的心念中解脱出来，还是要靠自己。

外部条件，从来没有什么绝对的好与坏。禅意的生活，并不是一直生活在舒适里，也不是一直遇到有利于自己的条件，而是能把不好的条件变得有利于自己。禅者是随着外部条件而创造条件，想办法自己拯救自己；愚痴的人却期待着某一天能出现奇迹，靠着外力能把自己从困境中拯救出来。究竟谁的命运掌握在自己手中，明眼人一看便知。

我们如果不放下自己的偏见，那么就会一辈子生活在一个小圈子里。比如，你只接受自己喜欢的人，接受自己想听的话，接受对自己有好处的事物，那么你就会把自己给困住。生活中哪有那么多的随心所欲，敢于接受一切，无论是悲是喜，那才是禅者的生活。

一个避世而居的人偶遇到一个禅师。他说自己为了保持内心的清净安宁，所以已经许久不和人往来了。禅师却说："内心清净和安宁并非是这样来的。你只是一味地避开嘈杂，可见你心中也是一片嘈杂；若你真的内心清净，又何必要避开尘世呢？"

7. 不要把别人的头，安在你自己的脖子上

生命需要自在地聆听，生命是一个不断创造的过程。生命不需要斗争，我们只要带着一颗慧心，用禅的智慧来看待人生问题，那么每一天都是美好的、快乐的。

一个受尽苦难的人来到寺院后便号啕大哭，说自己再没有活路了。禅师很怜悯他，便留他在寺里住宿。一天清晨，这个人看到初升的太阳，他问："人生是什么呢？"禅师说："太阳落下，还会再升起，这就是人生啊。"

理想世界是离不开现实世界的，理想对每个人来说都很重要，但脱离现实生活的理想就好比空中楼阁一般，它不过如同泡影，虽然看起来很美，却对现实人生没有什么用处。

为什么我们活得不快乐？因为我们的心中常有迷惘。这就好比，你明明可以选择自己最适合的事情做，可你偏偏选了别人能做而你不行的事情，而原因只是，你认为这是一种光鲜体面的生活。

只有将自然认为是自然，将自然纳入自己的生命中，我们与自然才不是隔断开的。同样的，我们只有把生活中的各种人、事、物纳入自己的胸怀，才不会被挫败、困境和数不清的烦恼打败。

山还是山，但山却不会遮挡自己的视线；水还是水，但水却

不会把自己淹没；困境依然存在，但困境反而成为对自己心性的磨砺；烦恼依然存在，我们却能够在烦恼中寻找到一线光明和生机。

当我们过分强调理性，那么生活中的乐趣必然很难体会到。不论生活如何不幸、困苦，我们都应该对生活抱有一点儿情义和希望。

当我们的心安静下来，去倾听生活中的各种声音，那么我们就会发现，从前以为是很刺耳的声音，都会变得很悦耳，比如他人的批评、指责，或者某些误解。其实声音从来都没有减少、改变，而是我们的心境不同于以往，平静祥和的心才能听到生活中更多悦耳的声音。

切身体验，就是要我们把身与心放到现实生活中去。不要做脱离现实的美梦，而是要把两脚深深地扎进生活的土壤里，然后用双手在这大地上盖起自己的梦想。

当我们关上心门，任凭内心一片杂乱时，我们确实要不断地领受苦闷，如此一来那可真是解脱无门。但禅家却说，只要我们从自我封闭的小世界里走出来，把心门敞开来，试着让心平定下来，那么身心自由柔软又舒适的感觉就会顿时生起。而这种状态，便是解脱。

若想不与真实的生命脱节，那么就应该熄灭心头那些无用的妄想。你多多思考如何解决工作上的难题，就要比你想着如何一步登天更契合禅意。因为前者是对生活的思考，而后者，不过是无知的妄想。

不得不说，有许多束缚和桎梏，是我们自己给自己套上去的。比如，你不断地追求财富，哪怕再累也要追逐，因为你觉得财富才是衡量一个人是否幸福的标准。再比如，你不停地渴求着某位异性的爱情，因为你固执地认为，能够把条件这么好的异性追到手，这样才能彰显自己的能力。可是，你有没有想过，当你跌落自己挖的陷阱时，等待自己的将是无边无际的痛苦呢？

所谓解脱，便是我们从自己设定的局限中自然而然地走出来。当你觉知到，财富、名利、爱情都不过是生命中的一部分，因而不再对其迷恋执着时，你自己就会从以往的局限中跳脱出来。而当你跳脱出来之后，你收获的将是无边的欢喜。如果那只井底之蛙能够从井里跳出来，那么它看到的必然是另一番大景象，而我们在很多时候，就如同那只井底的蛙。

生命的意义从来就不在于盲目的奋进，如果你连目标都没有，你再卖力地奔跑又有什么用呢？

古时候的临济大师曾经说过："不要把别人的头，安在你自己的脖子上。"人的生命仅有一次，并且它时间有限，又何必要执迷于把自己的日子过得和别人一样呢？别人的日子再好，那也是别人的，但你可以想办法把自己的日子过得更好。

无论在生活中遇到什么，都不要先去逃避。试着和这些困难面对面，不带任何情绪和评断地去看待它们，然后你会发现，一旦自己敢于面对生活中的任何问题时，问题便不再成为问题。

怀着心机经营生活，不如单纯自然地创造生活。因为前者只能让人们陷于身心的疲累，而后者却能最大限度地激发出人们的热情。

人们总是把生活看作是一种挣扎，甚至在本该欢欣的时候想到的也是痛苦。其实，不论是快乐还是痛苦，都是瞬间即逝的，但也正因此，快乐的时候应该尽情享受，而痛苦的时候却要对未来抱持着希望。

孤独感人人皆有，但这没有什么不可忍受的。即便你只身一人生活，依然可以把目光投向生活中的每个角落，并在其中找到乐趣。永远不要指望着依靠别人来停止孤独，也不要以为放纵欲望就可以掩埋孤独。事实上，孤独是人的天性，但在禅家看来，这也正好是让心安静下来，并想明白自己需要的是什么的最佳时机。

成长总是伴随着痛苦的，你想想，长牙的时候，牙痛不痛？只有在无数次跌倒之后，我们才学会跑步，对不对？但禅者却认为，成长的喜悦远远大过跌倒时的痛苦。毕竟，不带痛苦的人生，是根本没有意义的，而且也是不切合实际的。既然如此，那么为何你一定要排斥痛苦而不是笑着迎接成长呢？

一个人，只有正确地认识自己，了解自己，才能更轻松地生存，更充分地服务社会，使个人价值得以实现。但要想清楚地了解自己，这个并不容易。把别人当作了解自己的镜子，就能获得很好的效果。比如，你被他人的某个缺点、毛病所激怒，那就说明你自身也存在同样的缺点、毛病。从这个角度来说，我们应该对身边的每一个人都道声谢。

一位禅师对一个满心烦恼的人说：“你看溪水从山上流下，没有东西能够阻止它。山花烂漫，那香气连山峰都挡不住。你满心都是烦恼，何不倒出一些来？这样，你才能把美好的东西给装进去啊。”

第七章

世界如此之大，可你却专门盯着没有阳光的地方看，这难道不是你错了吗？

1. 世界如此之大，可你却专门盯着没有阳光的地方看，这难道不是你错了吗？

铁舟和尚对独园和尚说自己已然四大皆空，步入了禅境。独园便举起禅杖打了铁舟一下。铁舟很生气地要和独园理论一番。可独园却说："你都四大皆空了，又何来这么大的火气呢？"很多时候我们也是这个样子，自以为是，只有遇到挫折时才知道自己的能力根本不够。但能够认识到自己能力不足，也不失为一种收获。就怕有些人因此而沮丧，以致生出烦恼。能力不够，再去努力便是了，沮丧烦恼又不可能使自己有所提高，如果大家都能明白这个道理，心头闲事惹来的烦恼便也会少些了。

真正能裹住人们内心自由的都是一些琐碎的闲事。人们在大风大浪面前或许能被激起大无畏之心，但在面对生活琐事时就欠缺一种智慧。听到不入耳的话就开始记恨起别人，看到看不惯的事就大发雷霆。这些闲事每个人都躲不掉，但与其“躲”，倒不如把目光转向有趣的事物上，正如禅家所说：“世界如此之大，可你却专门盯着没有阳光的地方看，这难道不是你错了吗？”

如果从一个全新的角度、以全新的方式去看待生活中的诸多闲事，那也是乐趣一桩。比如，有人对你咆哮，给你制造麻烦，让你陷入争端，让你难堪，如果你把这些当作是他人恶意针对自己，那么肯定会气恼万分。但如果你把这些看作是内心烦恼之人的一种宣泄烦恼的方式，那么你就会对他陡然生起怜悯之心。因为你从另一种方式看待伤害，于是伤害的人，反而成了最可怜的人。

人们看不到活生生的世界，却偏爱在逻辑、理论、观念等等之中作茧自缚。你选择乏味枯燥的工作，是因为传统观念里认为这个工作待遇优厚；你违心地做出选择，却说是牺牲个人、成全他人的必要条件。能让自己开心的工作比待遇优厚更重要，要成全他人也不一定完全牺牲自己，总会有其他方法可行。世界展示给我们的就是：完全被观念、逻辑、理论束缚，人生就是僵死的，只有跳脱出来，人生才是鲜活的，你的生活才能称之为是“你的”。

每天的喜乐与愁闷、平和与焦灼、宁静与烦恼，这些心理状态都是需要我们切实体验的。从禅的眼光来看，不论你今天的感受是喜是忧，那都是生命的收获；但如果有谁说他对今日的心理状态没有任何感受，那么他这一天便是白活了。即便明天到来，人生还有崭新的开始，今天也已经是过去的了。

最好的生命状态，就是让生活的一切都以它们的本来面貌呈现在心灵的镜子上。别人说了些什么话，你觉得那是针对你，因而就生气烦恼，但这也只是“你以为”的。世人常用臆想出来的虚幻事情来折磨自心，就好比给本来光洁的镜子上涂抹了污物。

一旦在心中萌生出“有所为”的念头，马上就会陷入命运的牢网里，整个身心都被缠缚，时刻都感觉到一种压迫性，心灵也失去了独立和自由。比如说，你本着善意帮助了别人，但考虑最多的却是自己能有个怎样的结果，一旦结果没有达到预期，你就会觉得痛苦万分，让原本的善行成了一种枷锁。而如果你用禅来指导善行，就不会对善行的结果特别执着，你就会享受着帮助他人的乐趣，他人也不会有心理压力。

有很多人在选择职业时挑三拣四，往往是工作没有落实，青春年华却荒废了。他们十分苦恼焦灼，但如果有人介绍工作，他们马上又会变成挑三拣四的样子。假如人们不对生活过于挑剔，那么都不会生活得太差，但过于挑剔又没有改变生活的能力，就难免让自己烦恼了。再看另一些人，他们要么选择适合自己的生活方式，勤劳努力地生活；要么通过改变自身，让生活变得更好。这类人的烦恼就相对少些，因为这类人的“闲事”“闲心”没那么多。

不要试图去当什么“好人”，只要你带着美好的心愿服务众生就可以了。如果带着企图心去做善事，那么善事就会成为“闲事”，而闲事是会引发身心苦恼的。

对事情认真可以，但如果较真的话，那就是自己太愚痴了！人们对事情较真，往往是因为掉进了语言文字的陷阱中。开始是因为几句话才起争执，后来就形成了“必须与他人对抗到底”的心念，但到了最后，却变成了自己和自己过不去，自己给自己找烦恼。基本上，长期如此的人，都可以称得上是“闲人”。

生活中那些心怀喜悦地忙于安排自己生活的人，他们是不可能产生那么多烦恼的，因为他们没有那么多闲事，更没有那么多的闲心。只有一个终日无所事事、不求上进、不懂生活的人才会陷进烦恼的漩涡中。因为他除了在闲事、琐事里给自己找点烦恼之外，就没有什么能够做的事情了。“劳作能让心灵和生活都充实”，一旦你自心变得充实了，哪里还有时间为闲事烦恼呢？

花开就开，花落便落，我们要做的不是牵愁动恨，而是欣赏这个自然过程。同样，生活中的其他事情也是如此，事情发生或者结束，都不是为了给我们增添烦恼的，而是要我们在这个过程中充分发挥自己的创造才能。所以，愚者常为此而烦恼，忧愁，禅者却在自然界的变化过程中全心地感受，在事情的发展过程中努力地创造，他没有烦恼可生起，因为他根本顾不上。

人与人之间的关系都是平等的，所有人的关系都是融洽的，充满了慈悲、喜悦的。但这有个前提，那便是我们有一个不卑不亢的处世态度，并且有着积极努力的价值取向。如果你自己都轻视自己，都甘愿堕落，那么还有谁愿意以平等和欣赏的眼光来看待你呢？

生活禅是极为重视生命的，它告诉人们光阴是如此的短暂而可贵，人应当积极努力地生活，争取有所作为，这种进取精神也是一种禅意。

在人生步入低谷的时候，我们总觉得自己走投无路，山穷水尽，看来人生注定是霉运相伴，幸福无望了。可是你有没有想过，正是因为自己过于纠结外境的好坏，因此才错过了人生中的精彩呢？正因为关注错了方向，所以才觉得自己生活得不幸福。可见，心不被外境所迷乱，是一件多么不容易的事。

大智向佛光禅师说：“跟随您二十年了，您老每天都是这样忙碌。您已经上了年纪，不应该这样辛苦。难道您从不觉得老吗？”佛光禅师听后答道：“我实在没有时间觉得自己老啊！”没时间觉得自己老，这是一种人生境界，勤奋的人就应该有这样的人生观，当自己的精力都放在了如何做有益的事情上，自然就不会感觉疲乏劳累了。

2. 打破一切权威

对外在权威的盲目接受，无异于是对自心真实想法的盲目否定，从禅的角度来看，任何一种理论学说、任何一种观念习惯都自有其合理之处和不合理之处，我们要做的是用理论指导生活，让生活变得更好；但如果你觉得这些理论已经对自己的生活造成了干扰，那就顺从自己的内心吧，毕竟，生活的创造者是每个人自己。

丹霞禅师初次来到马祖道一的禅院就骑在圣像上。其他人看到，就说："哪里来的疯子，竟敢如此大逆不道！"大家就把这事告诉马祖道一。没想到，马祖道一反而很欢喜，他认为，这个人能够不顾权威，敢于随心做自己的事，必然不会被其他人的言论牵着鼻子走。大凡是真正有所建树的人，便大概都是如此的吧。

在很多时候，我们奋力地冲向人们的某一个目标，但由于条件不成熟，所以只能扑空。所以，适时地创造机会很重要，适时地等待机会也很重要。只要在等待的时候，我们要不断地充实自己，为未来做好准备，这就不算是虚度光阴。

"平和"绝不是无所作为，所说"沉默"也不是木讷呆滞，所说的"等待"更不是要人们无所事事。而是说，人们在生活中总要保持着平和的内心，留一分谦逊静默的态度，在做事情不具备条件时就先蓄积力量，充实自己。等待的过程也是一种身心的修持，人总要活得慢热些，才能待时机成熟时有心力追赶自己的梦想。

在很多时候，禅是肯定人们的沉默姿态的。这种沉默，并非是死者的毫无声息，也不是荒漠一般的沉寂。这种沉默的姿态是在我们面对自己不了解、不明白的问题时应有的一种谦逊。懂得适时沉默的人，通常都不喜欢张扬，性情比较内敛，但内在的生活爆发力却很强，因为在其他人浅薄地谈论问题时，沉默的人却在不断地学习，吸收，接纳，因而他的内心世界才是如此充实。

真正有生命境界的人，一般来说都不会特别多话，但他说的每一句话，都非常有哲理，非常有分量；同时，他也不会一下子包揽很多事情做，但他做的每一件事，都不是别人随随便便就能完成的。如果你的身边有这样的人，请一定多多地亲近他们，和这样的人在一起，自己的生命境界也会得到提升。

古代的蕅益禅师说过，如果自己的话语不能给他人带来帮助，那么就不要说了，把这种禅学思想拿到现代社会里看也是很适用的。如果我们说出来的每一句话都不能给人帮助，不能带来团结、力量和启示，或者予人欢喜、勉励，那还是闭上嘴巴，埋头工作吧。至少这样，你还能落下个“寡言少语但工作踏实”的评价。

在现代化工业社会里，人们活得不仅功利，而且急躁。曾经有个企业家说他无论如何也静不下来，更体会不到什么叫作禅意，对此他感到很苦恼。而我觉得，如果你能慢下来，那么你的心必然能静下来，如果你能放下更多的功利，只是对自己的工作抱以一个单纯的目的，那么你必然不会感觉到工作很忙很累。生活要慢慢地经营，才能从中感受到意义。

在生活里，并不是谁跑得快谁就是赢家，当你拼命地向前奔跑时，如果错过了沿途的风景那该多遗憾啊。如果你只是为了追求物质才跑得那么快，那么，你在得到了物质之后却只感受到内心的空虚和人生的无意义，这种生活还有什么快乐可言呢?

只有内心产生了坚定的力量，才能在欲望横飞的世界里坚持自己的想法不动摇。但这说来容易做来却难，坚定的内心力量在平日里就要一点一点积蓄起来。但看看我们周围的那些人，只是毫无目的地占有一切，向前奔跑，这就不奇怪，为何每个人看起来都很拼命，但真正能够做成事业的人却寥寥无几。

你有什么理想，那就勇敢地追求；你对自己的工作有着怎样的要求，那就努力而为；你心中有所愿，就要有所行动。这是一种最痛快的活法，也是最务实的生活态度。

不要欺骗自己的心，如果违背自心选择了不喜欢的生活和工作，那便是对生命的浪费。但是禅也说过，我们可以把不喜欢的，转变为自己喜欢的，只是这个过程比较漫长，相对来说也比较痛苦。但我们可以在这个过程中体验到生命的不同面貌。世间并没有绝对的对与错，有的只是内心的经验感受以及生命的过程。

只有在生活的每个瞬间都对自己的言行有所反省，言行才能得到净化；对自己的念头进行观照，才能及时停止那些负面的想法，力求每一个心念都符合正道。

在生活中，我们总是被习惯、观念、概念等束缚，但事实证明，即便你遵从了习惯和观念，但事情最后的结果还是要由你自己来承担，与其如此，倒不如最初就按照自己的本意来做决定。禅认为，人生最重要的意义就是发挥个体的自主性，开发出对自己生命的自觉性。

一切语言文字，一切外部力量，都会成为个人主观能动性的障碍。这也是为何禅家经常说“要打破一切权威”。

一个禅门故事里说，有个人来来往往地跑了好几次，每次都很着急，每次都慌慌张张。他的这一举动引起了一位禅僧的注意。他问这个人，为何这样着急忙慌地跑了好几趟。这个人说：“要去某地办事，走到一半路，忘记了带某物；然后回家去取，又着急赶路。但走到一半，又发现忘记了别的东西。如是就往返了多次。”

看看我们自己有时候像不像这个人，每次都很着急，我们想的是要快快走路，却忘了应带必备的东西，结果因为贪图“快”，反而浪费了时间。

古时候有个禅僧希望能早日开悟，便再三问禅师，何日才能有所证悟。禅师说：“你且看院中这棵树，当它叶子黄了又绿了，绿了又黄了，如是三回，便有证悟。”在半夜，禅师听到院中有声音，便起身去看，竟是这个禅僧用颜料在涂抹树叶。他说再涂抹一遍，就大功告成了。正高兴间，他不留神从树上摔了下来，一条腿当场断了。为了“速成”，他付出如此惨重代价。再看看追求速成的现代人，不也是在步这个禅僧的后尘吗？

林中起火，一只鸟儿展开翅膀，飞去林外一条溪水里用翅膀沾水来灭火。如是往返多次才终于把火扑灭。不怕个体的力量小，就怕我们没有这种锲而不舍的精神。大家做事急于求成，只想着赶紧达成某个目的，却缺少这种坚持不懈的精神。这也是为何，着急赶路的人并不一定能走到终点，因为他在半路就有可能放弃了。

我们应该用喜悦和满足来对治内心的贪求和欲望，从而实现内心的清净平和，保持心理平衡，开启生命潜能，这才是生活禅的理念在现实生活中的终极落实。

一个禅师在临终前对弟子们说，自己有一块空地，上面长满了杂草，他问大家有什么好主意没有，能够完全地铲除这些杂草。弟子们七嘴八舌地讨论起来。最后禅师笑了：“如果是我，我就在那块地上种上粮食，或者栽种鲜花。我们的内心总有无数的邪念，就好比杂草，而清净的善念就是粮食，就是鲜花。”

在日本德川时代，有人找到盘珪大师，说：“我脾气十分暴躁，请大师指点我，怎样才能控制脾气呢？”盘珪道：“你这个性格很奇怪，你现在表现一下，发发脾气，让我看看，这样我才能给你指点啊！”这个人说：“可是现在我没脾气可发啊。”

“既然如此，那么这坏脾气就不是先天带来的，所以，这是可以控制的。”盘珪大师笑着说。

3. 无分别，便无牵绊

心灵与身体的不和谐，会造成生命的不和谐，比如内心对事业有着强烈的渴求，但身体上就是不行动，心头被焦急之火灼伤，而身体却懒散得如同一摊烂泥。内心的想法要通过身体来实践，这就如同禅门中的教导，在静坐、冥想时得来的觉醒要落实到生活中。如此，才不至于造成心灵和身体的不和谐。

让身体和心灵都活动起来，生命才能是新鲜的，人生才能是健全的，对于生活的感受力才会永远保持着敏锐性。心里想得多，但什么都不做，这和只是一味做事但不用心思的人一样，都处于身心失衡状态。

人与人的那点差异不过是表象的差异，而我们选择是亲近一个人还是远离一个人，应该更多地是看其内在本质。但很可惜，大部分人还停留在表象上打转。

禅师们在参禅的过程中免不了受到师父的责骂，这看似冷漠严酷、缺少温情的方式，其实深含着一种慈爱。只看到冷漠严酷的人会认为禅是不近人情的，但通过这种“不近人情”的方式而有所领悟和成就的人却明白，如果生活在虚伪和妄想的包围下，那么永远也无法触摸到自己的心灵。生活就好比这不近人情的严师，看起来它给我们制造了许多难题，但在克服了这些难题之后我们再去看便不难发现，正是生活的严酷造就了我们的坚强。

每个人的天赋、秉性都不同，但在禅家来看，具有一般能力，但能够不断努力、不断下功夫的人，也能在细微之处体味到禅的意趣。这个道理放在现实生活中也是如此，成功往往都属于锲而不舍的人，而那些自恃聪明却不肯努力的人，最后恐怕只能仰头望着别人的成就了。

生命中所接触到的一切事物，都应当充分地加以活用，而不是对它们视而不见，从而造成浪费。当然，这需要我们保持着心灵的敏锐，也就意味着我们要从过度的欲望，无休止的抱怨，不间断的执着、妄念和偏见中走出来。

一个真正对自己生命负责的人，必然是一个有禅心的人，他以最虔诚的心对待生活里接触到的每一个人，他用最深刻的体验来面对每一个转瞬即逝的当下。他选择无差别地对待自己要做的每一件事，力求尽心尽力，而不求诸事完美。他不思任何回报地做善事，但越是这样，他便越是得到种种回报，虽然这不是他本心所求。

不向命运有所企求的人都是有智慧的人。因为他们知道心有所求，心就必定会有苦恼。倒不如凭借自己的力量去创造，可以在脑中给未来的生活画一幅美好的图景，但也有勇气接受图景无法变成现实的残酷。这既需要相当的生活热情，也需要足够的人生勇气。

生活的意义，只能在生活中寻找，如果逃离生活，要去别处另寻一个人生，那么不论你逃去哪里都不可能过得太好。真正能把苦日子都过得有滋味的人，没有一个不是从改变自心，再进而改变命运开始做起的。因为他们心上的转变，生活也开始在改变，这种体验是真切实在的，是人人皆可享受到的。

假如我们对当前的生活感到不满，那就再去创造一种新的生活便好。虽说生活中充满了压力、苦痛和不公平，似乎是没有什么值得快乐的地方，但一味地抱怨就能解决问题吗？愁眉苦脸就真的能改变生活吗？既然这些都没什么用，那就把时间用在更有意义的地方吧。

如果对自己的心念无法明白，自主，就会长期被外界所影响。他人的一句批评就引发了嗔恨，他人的一句赞美就洋洋自得。一个人如果他经常被外界影响喜怒哀乐，被外界左右自己的情绪心念，那么他就完全丧失了对生命的自主权。

如果我们想把自己从受外界左右、干扰的境地中解放出来，就应该做一个既对自己有信心，同时又不封闭自己的“观察者”。你看那些对你议论纷纷的人，他们把时间都花在了评判别人上了，但他们自己的生活却一塌糊涂，甚至他们都没有自己的人生方向呢。而你却坚定地朝着目标行进，或早或迟，你总能走到理想实现的那一天。

人类虽然创造了潮流时尚的现代化生活，但这种生活并没有真正地利益人们。当人们沉溺在周而复始的享乐中时，不过是为了填补内心的空虚。在享乐之后，人们身心疲倦，根本提不起生活的斗志，甚至还会产生孤独无依的苦闷。所以，生活禅倡导人们过一种轻松、充实却充满斗志的生活。这样的生活里不需要有太多的物质，如果生活有所保障，每天都忙于自己认为有意义的事情，累了就倾听大自然的声音，人们之间保持简单的关系，这岂不是比无节制的享乐更有趣吗？

一个满心烦恼的年轻人找到南隐禅师，禅师很慈悲地给他开解烦恼。但这个年轻人却说："这些大道理，我早就听过了，看来，禅师并不能帮助我啊。"那些自满、傲慢，对他人怀着成见的人，就算天降甘露，也无法流入他的心中，别人的智慧也不会给他们带来任何益处。

有个性格暴躁的人找到昭引禅师，他说："我的脾气很大，如何来改我的脾气呢？"昭引禅师就说："这都是从嗔心而起；我跟你化个缘，你把嗔心给我吧。"这个人说："禅师说笑了，嗔心长在我自己身上，怎么给你？"昭引禅师说："哦，那就请你自己想办法解决它吧。"

4. 生命中的一切，皆是在变化之中

在人生中把握人生，就是不论外境如何变化，也不论是否能得到外部力量的支持，人们都能在自己的现实生活中寻找到意义，在身与心、精神与物质上都得到满足。正是因为世事无常，人们才需要通过努力来改变自己的人生，扭转自己的命运。

法演禅师在弟子们面前伸出一双手问："这是谁的手？"弟子们都不知该如何回答。法演禅师其实是想通过最简单的方法告诉大家：双手长在自己的身上，就是因为自己的命运只有自己才能掌握。

人们只有过一种适度的生活才能让身心保持在最佳状态：吃饭要适量，工作要适度，不要太过贪睡，但也不要为了玩乐或工作而影响休息。在紧张压力之中学着舒展自己的身体，学做深呼吸；在困境面前挺直脊背，静静地呼吸，保持信心。哪怕听到了不好的消息，也能相信，世事的变化、迁流总会把属于自己的东西，带到自己身边。

变化没有绝对的好坏之分，而人们在变化面前之所以有不同的感受，那是因为有人在变化中看到的是机遇，有人在变化中看到的却是灰暗的人生前景。不可否认，变化之后带来的结果谁都不能确定，正是因为结果未知，人的能力才能够得到充分的发挥。我们真应该感谢这个变化无常的世界，正是因为有了变化，我们发挥自己的能力，改变自己的人生，才成为可能。

世间荣辱、得失都不会长久，它们好比空中的浮云一般，都是变化无定的，世事皆是如此。一些人、事、物，不论你多么喜爱，不论你多么痛恨，当你离开这个世界时它们都不会跟着你。人生最紧要的便是在荣辱、得失之外，集中心力来体验生活，只有安心生活是真实的，所有的得失都是刹那间变化的、留不住的。

每个人的心中都有善恶不同的心念，而不同的心念就会让我们体验到不同的人生，所以，必须要对这些心念进行人为的干预，绝对不能任由坏的心念自由地滋长。此时的人为干预便是对自己人生的拯救。我们在每一个时刻都要保持着内心的清醒，能够分清心念中的善与恶，而对待不那么美好良善的心念时，我们必须要及时停止它，就像用刀斩去花园里的毒草一般。

昔日，有位禅师为了引导一个缺乏自信的笨弟子，就让他先从最基本、最简单的事情开始做。每次这个弟子完成任务，禅师都要大大地夸赞一番。久而久之，这个弟子开始变得眼明心亮，做事也很有信心、很果断了。我们不要只是艳羡那些所谓的社会精英，他们也是一点一滴磨炼出来的，从能力到自信，都需要在现实生活中不断地磨炼。

我很想不明白，为什么有些人为了积累财富可以不顾疲劳甚至不择手段。不论有多少财富，最终都不太可能跟随我们一辈子，更何况，只要有出众的知识、技能、本领在身上，你不论走到哪里都不必发愁生活啊。

很多时候，并不是某个特定的人、某种特别的观念锁紧了我们的人生，而是我们不愿意敞开心扉去接纳不同于自己的观念、不同于自己的人。这种对“异类”的排斥就成为心灵的枷锁，使我们只看得到生命中有限的一片天地。一旦某天，我们让心灵摆脱枷锁，以包容的眼光看待这个世界，看待与自己不同的人，我们将收获更多的乐趣，这些乐趣被人们称为“见识”。

人们之所以时刻生活在残缺的感受中，并不是他们真的特别缺少什么，而是他们学不会以满足的眼光看待这个世界，看待自己的人生。就好比在那个曾经物质匮乏的年代，有人总是在叹息缺少的那些东西，而有人却乐呵呵地用手头拥有的东西搭建起自己的生活。你关注的是什么，你如何利用手头现有的东西，决定了你的日子到底是悲还是喜。

我们都很容易犯一个普遍性的错误，就是一旦想要解决某个问题，认识某种事物，就恨不能每时每刻都去想着它。这种态度竟然还被人称为是一种“敬业精神”，可是这并不符合禅的精神。以禅的角度来说，要想更深刻地认识某个问题而不至偏颇，最好的办法就是和它保持一定的距离。其实，不论是做事情还是与人交往，都保留一个适当的距离才更好。一旦距离太近，就很难以公正的视角来看待它了。

每个人的心中都有一块十分难以接近的领域，不仅对他人来说这是个“禁区”，而且对自己来说，同样如此。这块心灵的禁区恰恰就是阻止我们的生命有进一步发展的原因。而禅的可贵之处就在于，它不仅让我们有正视心灵禁区的勇气，更告诉我们，这个过程确实很痛，但正好比是把身上的毒瘤给切除之后身体才能恢复健康一样，心灵上的禁区也需要我们去关注，去挖掘。

你羡慕别人在变化之中能够泰然自若，更羡慕别人在风浪过后能以更坚强的姿态生活。但你看到的永远是一个外象，这对你来说没有任何意义。因为你只是停留在“羡慕”的阶段，还没有从内心生出足以应对变化和风浪的勇气、信念以及决心。而正是这些，才将能力相当的人引领至不同的人生层次上。

人内心的痛苦与纠葛，是会通过人际关系反映出来的，从这个意义来说，通过人际交往中出现的问题，人是可以看到自己内心最易产生哪些问题的。面对这些问题，禅者想的是如何医治它，而我们想的却是怎样逃避它。如果你的身体上患了某种病症，你不论去哪里，都无法摆脱身体上的病痛，而内心的问题也是这样。

变化无常就是一个人生的试验场。如果你想要找到对人生变化的各种抱怨，你总能找到的，然而，外界的变化并不是你不满的真正原因。这个真实的原因，乃是在你的自心，不论人生中是否有变化，你都不会满意，因为你看到的永远是不够完美，对自己有所损害的生活内容。这也是禅家所说的“片面地看待生命变化”的态度。变化带来的不只有负面结果，但如果你满心都是负面的念头，就难怪会对人生产生抱怨了。

以往，人的心灵相对单纯，物质欲望也比较少，因此人们尚能够全身心地沉浸在生活中，而不是对着生活挑三拣四。现在，虽说工业化发展到了一定的阶段，物质生活比以往提高了许多，但人们的心却不似以往那般单纯了。人们开始攀比，于是产生了不满和抱怨，然后就开始对人生挑挑拣拣。于是，你越抱怨越挑拣，生活就越是过得难堪。禅家说，一切问题的源头都在自心，当我们遇到生活问题时，就该静下来去反省自心上的缺陷。

一个禅僧愁眉苦脸地看着院子里，他说每到冬季，院子里就一片光秃。师父却说：“若你心中无景，哪里都是一片枯寂；若你心中有景，何处不是花香满径？”只要我们内心还有信念，还有对生活的热情，那么不论何时、何地，我们都能感受到生命的善意。

为了消除弟子的骄傲心，禅师对正在打坐的弟子说：“看你打坐的这个样子，好像驴子一般。”这个弟子一听就生气了。禅师笑着说：“看看你，别人的一句玩笑就能把你激怒，那么你有什么资本自傲呢？”弟子听后十分羞愧，从此便十分精进地修学。当我们陷入自骄、自傲中时，不妨多问问自己：有什么资本，生起这自高、自傲的心呢？

5. 先接受一切，才能无碍地生活

有人经常因为无法控制情绪而苦恼。但在我看来，生活中的那些多余的情绪，都是我们根据自己的臆想制造出来的。比如，某个人对你说话时声音稍微大了些，你想的就是这个人对你很不满，继而又联想到日常生活里他针对你的言行，如果再要想，那么就是日后他对你的刁难了。而实际上，这些都是你自己臆想出来的场景，但我们错就错在把臆想出来的当作了现实，又因此而产生痛苦的情绪，这可真是愚痴啊！

在人生路途上，我们的心中总会装着许多疑惑，在这些疑惑没有通达前，心中千万个烦恼丛生。但这许多疑惑并不能靠着别人来给我们解释，我们要在生活中自己做出解释。如果不去切实地体验生活，那么疑惑还是得不到解决，这也就是我所强调的“到生活实处去找答案”，有了这样的启示，你就不会轻易地放弃生活里的微小瞬间，也不会轻易放过生命中刹那间而过的微妙感觉。当你在细微之处解决了疑惑，内心便好比拨云见青天，心是一片朗朗晴空。

真正了无牵挂的心境应该是这样的：闻到花香就不要纠结这花是不是开放在自家的院子里；看到皎洁的月光就不要执迷地想在水中打捞它；曾经有过成就，能够证明那段岁月的努力就可以了，没必要试图把这成就带到身死之后。我看过，我感受过，我经验过，我感动过，我享受过，这就足够了。任何执迷都不过是徒增痛苦，任何执着皆是因为我们的心量和眼界都不够阔大。

如果缺少坚定的信念和不间断的努力，那么我们取得的事业也好，积累下的财富也罢，都不过如同泡沫一般随起随散。名利、财富都只不过是一个阶段的成果，如果因为一个阶段的成果而放弃在余下的光阴里继续创造生活，那么这样的人生又有什么意思呢？不过是半途而废罢了。

贪婪的人们紧紧地抓住那些根本不会永远存在的东西，陷入执着的泥淖无法自拔。如果有人告诉他们，世上没有什么是能够永久存在的，即便自己抓得再牢也不可能留住必然会迁变的东西，与其因为执着而带来痛苦，倒不如只是去感受、享用、创造世间的一切。可是这些执着成性的人才不肯听从这样的劝告呢！这也就不难理解，为何有人把生命活得如诗如画，快乐自在，而有些人则痛苦不堪，烦恼不断。

有些人虽然每天都忙忙碌碌地生活，但他们的内心却清清楚楚，明明白白，知道什么是可以做的，什么是不可以做的。他们的脸上常有笑容，心内一片美好。这样的人，是生活着的禅者。但再看另一些人，他们尽管也很忙，却忙不出成效来，因为他们的内心纠结而昏暗，他们不知道哪些该做，哪些不该做，也不清楚什么样的心境才是最和谐、平定的，因为他们从来就没有安安静静地感受过生活，他们眼中只有忙，却从没有品尝过生活的滋味。

古时候的一个皇帝，请来一位高僧在宫里讲经，但他又觉得高僧对自己的态度并不是十分恭顺，于是就非常不高兴。高僧说："刚才您问我为何您总是心神恍惚。贫僧觉得，如果您没有计较得那么多，身心就能专注守一了。"这个故事给我们的警示便是，不要把精力耗费在莫须有的猜想上，不然，那就是对生命的浪费。

真正的自在无碍便是，不过问任何东西，当哭时就哭，当笑时就笑，只有先接受了一切，才能谈得上无碍地生活。

6. 在被生活暂时否定的时候，别忘记要对自己做出肯定

生活中一些自我的烦恼尚没有彻底清理干净，马上又投入到忙碌之中。带着满心的烦恼去忙碌，工作效率也不见得能有多高效，于是又惹出了一肚子的烦恼。如果我们的人生就是在这样的恶性循

环中度过，我们又哪里会有底气来面对生活呢？

虽然在生活中，有些结果我们无法改变，但至少我们应该勇敢面对，然后，尽力创造积极向上的条件，使不好的结果得以推迟，使好的结果成为可能。

那些凡是有一颗禅心的人，他们在生活面前总是一副天真又乐观的姿态，就像一个不懂世事的小孩童，对未来有美好的期待，对过去的伤痛轻松忘怀。他们说话做事直截了当，敢于展现自己的真实个性，因为他们不怕别人的异样目光，也不畏惧自己的与众不同。总有一天你会发现，以这种方式来生活，那生命质量真是会不断地提升。

从前有个人向禅师请教，禅是如何对治心病的。禅师告诉他："当你的心柔软了，你就能包容下世界了，那时候，不论什么心病便都能自愈了。"禅让我们把心灵从紧绷僵硬的状态中放松下来，这首先要做的就是放下自己。当心中没有了自己，心的空间也就变大了，也会变得柔软许多。当心中没有了"自我"，但又保持着作为一个人的独立自主性，这便是符合禅意的心灵状态，此时心才能容得下世界，装得下众生。

当你因为失去而心痛时，要知道有得有失才是人生常态；当你尝尽失败的痛苦时，真正的强者在于能坚持不懈而不是在意一时的成败。凡是你在日常生活里遇到的问题，你只要看到生活中的光明面就好，在被生活暂时否定的时候，别忘记要对自己做出肯定。

昔日有个禅师喜欢画画，而且尤其喜欢画马。但他的师兄弟们却觉得他的画技很糟糕，有人说这是驴，有人说是鹿，但即便如此，这个禅师每日还是喜滋滋地画马，只是年复一年，禅师的画技并没有长进，依然不被人看好。一个禅僧不明白，为何师父画得这么差，他还能这么开心。另一个禅僧则说：“因为师父只是在画画，所以他不需要听别人的议论。”当我们能像这位禅师那样，只是过着自己的生活，只是做自己喜欢的事，至于别人如何议论都不会干扰自己，那么便也在过着一种禅意的生活了。

同样的生活，有人就能在其中感受到欢喜多于忧愁，有人就只能看到忧愁。这不仅是因为观察者的心境不同，而且因为看待生活的角度也不同。那些时刻都能以柔软之心面对生活的人，他们在生活中感受到的也是柔软一片。你以怎样的心态面对生活，便会收到生活怎样的回报。因为它也是有生命力的，它只会根据人们的心境来进行反馈。

“如果向前走没有路的话，那么该如何做呢？”

“这很简单啊，退后一步就可以了。退后一步再找到新的去路，也依然是向前在走啊，只是路途不同了而已。”

有些时候我们处理问题，只需要拐个弯，或者换一种方式，便能得到更好的效果。

禅门有言“退步原来是向前”，这并不是要人们不求进取，而是根据具体条件有选择性地后退几步，再选其他的路。这就好比，你非常渴望成功，但你在设计方面一窍不通，却在金融方面十分精通，你也一样能在事业上取得成就。人为什么要硬着头皮和自己作对呢？变通一下，人生便是另一番景象。

每个人的人生境界自然各有高下，但这与每个人的心境密不可分。所以，别人的生活我们体会不到，因为我们和他人本来就不可能有同样的心境。你的心境是怎样的，你经历的生活便是怎样的。

只要你的心中有慈悲，有温暖，你在生活中到处都能遇到随心的事物：路边绽放的花朵，友人亲切的鼓励，一个微不足道的好消息。而在这些微细的小事中，你发现的是拥有更多美好感受的可能。于是，你对这些人生的瞬间和琐细的小事不住地感恩，然后，你收到的惊喜就将更多。

快乐如果不能从自心中产生，那么就等同于是向别人借来的时尚衣装，根本不可能成为自己生命的拥有物。

一个总是抱怨生活很累的人随着禅师去登山。禅师给了他一个大口袋，吩咐他把沿途看到的漂亮石头都装进口袋里。这个人于是照做了，但在登山的半途他就要停下来休息，不然实在不能再行走了。禅师就说："你背着这样多的石头登山，确实很累。那么，你背负着过去那么多的经验、感受、回忆继续生活，不也是很累吗？"于是，这个人彻底放下了心头的负累。他终于明白，生命是一个过程，有些东西只有留在过去，才能让自己在未来生活得更好。

从前，曾有人问一位白发苍苍的老翁："您高寿？"老翁仰面答道："我四岁。"老翁说他过去的七十年都过着自私、自利的生活，而这四年来，他因为接触禅法，找到了人生的意义，因此，他才觉得活了四岁。人，一旦接触到真正有意义的东西，他便等于是获得了新生。

一个弟子经常说自己焦躁不安，恳请老师给予指点。他的老师却要他找到自己的住处之后再来说话。所谓“自己的住处”，不外是安顿好自己的内心而已。你想安稳，就要两眼朝前看，一心在生活，不要让自己的心时刻被欲望牵引着走，那么你的生活就是踏实安稳而快乐的。

我们在自己的妄念之海中拼命挣扎，以为自己就要没命了，可假如大着胆子站起来，就会发现，原来海水才到自己的膝盖。可如果没有当初勇敢站起来的决心，我们也许真的会沉溺在妄念的海水中，葬送了自己的性命。

7. 真正的生活不是看谁跑得最快，
而是看谁在烦恼面前能够不为所动

既然人生是一个需要长期努力的过程，那么在向前奔跑感到累了的时候就该停下歇一歇，能跑起来但也能慢下来，从从容容地努力奋进，这正是禅者的活法。

当人的内在精神与外在行动和谐统一时，人就会尊重自己的真实想法去做事情，他不会过分地期待有所成就，却非常享受忙碌的过程。他不会刻意地向往快乐无忧的日子，因为对他来说生命里天天是好日子，没有哪一天是不快乐的，因此就不必刻意向往。只是，现代人习惯了自欺欺人，总是做着别人期待的事、别人认可的

事，却很少听从内心的声音。这也就难怪会有那么多人身心不协调，生活不快乐了。

要踏实而勤奋地工作，只有身体动起来了，筋骨才能舒展，而内心的压力才不至于特别大。生活总是动静相宜的，生活也应当是快慢相依的。

生活中的苦乐、好坏，都是内因、外缘的聚成，有时候我们本无选择余地，也没有办法逃避。既然如此，那就要养成适应环境的能力，禅为我们提供的方法就是，尽可能地慢一些去适应。因为快速适应追求的只是一个结果，却对平衡身心没有什么作用。而慢慢地适应，则更注重一个过程，在这个过程里，人能真正地了解自己，也能真正地了解生活。

各个地方的人在对待生活境遇时并没有什么不同：面对顺境，总免不了贪欲无厌；身在逆境，绝对会怨天尤人。在顺境中应当好好把握，趁时机得当时再多做一些有意义的事；在逆境中，应当创造条件，安稳自心，以期能平稳度过逆境，并借助种种条件来扭转逆境。

如果我们总是想着怎样才能得到更多，那么我们永远也不会真正欢喜地生活。禅者的做法是，时刻都想着应该丢掉些什么，比如嗔恨、贪婪、负面情绪、对某个人的抱怨、对生命的冷漠……当我们每时每刻想到的是如何丢下这些东西时，我们才会真正地有所得到。

如果你和别人总是互相仇视，那么日子久了必然会各自痛苦，两败俱伤。但如果大家放下成见，放下仇视，试着互相接受，继而互相欣赏，最好再生出友爱之心，这样大家才能在和谐的关系中实现共同成就。

尽管生活中有些内容不是那么充满善意，但我们没必要执着在这些不善的方面。如果说禅的真义是要体验生命，那么这个说法同样也适合我们的生活。我们但去体验就好，不论是苦是乐，还是不苦不乐，那都是一个过程，说不定你在体验过苦痛之后还会感谢它呢，如果没有它，哪里能成就自己那顽强的生命力？

生活里的觉悟，是以肯定自心、实现自我为根本目的的，这并非是夸大个人的力量，或者说个人意志凌驾于一切人的意志之上，而是我们要肯定自己的生命能够得到不断的净化、完善，同时这也是肯定一切生命都有这种能力。而实现自我，就是要实现一个真正意义上的人，这主要表现在你是否懂得感恩奉献，是否真的做到了利益他人也成就自己。

与其把幸福的实现寄托在别人身上，倒不如自己努力去实现。或许他人决定了你是否能加薪、是否能步入婚姻、是否能得到工作上的肯定，但幸福这种内在的感受，又怎么能任由外部来干预呢？

真正的觉醒不是要求别人，而是要求自己；真正的生活不是看谁跑得最快，而是看谁在烦恼面前能够不为所动；而真正的禅者，则是张弛有道地安排自己的生活。

尽管生命前行的速度很慢，但在前行过程中看到的美景却最多。有些人只是一味地向前飞奔，却忘记了享受沿途的风光，直到他跑到了目的地才想起来自己错过了什么，可是后悔也不能换回生命的倒流了。

我们只有对自己充满信心，才能对人生前景充满希望，对现实人生充满爱，于是，才能对自己从事的工作保持着投入的状态。因为我们相信，无论自己目前做的是什么，只要信念在，信心在，就一定会看到生命之花绽开。

有人专程来找到铁舟禅师，请他来讲说禅法。铁舟便说："你先来讲讲你的心得吧。"这个人便洋洋自得地讲了许久。铁舟哈哈一笑："原来不过是鹦鹉学舌、人云亦云。"人贵有自己的见解，即便不十分准确，但也是独属于自己的见解。正好比，做人要有自己的生活，或许不非常成功，但这生活却是他人无法复制的。

对于每一个人来说，生活中要做的事情不仅包括打扫庭院的垃圾，也包括清理内心的垃圾；不仅要时常剪除花园里的杂草，也要时刻留意内心的杂草。所以，生活中的这些杂事，也是一种心灵的劳作！

第八章

接纳一切感受，它们的存在都不是无缘无故的

1. 接纳一切感受，它们的存在都不是无缘无故的

在现代社会里，人们普遍感觉内心空虚，总有一种孤独感。为了赶走这种感受，人们一头扎进了物质享乐之中。但如果他们肯把玩乐的时间用在平复情绪、安放自心上，他们一定会活得更幸福。心安定在哪儿，哪里就是我们的故乡。所以，在平时就要对自己的感受多些关注，观察每一种情绪和心念为何生起，又该如何让它们平息。

从人的角度来看，自然是需要征服的，因为在自然中有人们为了满足自己而存在的种种条件。但从禅的角度来看，人一再地剥削自然，是放纵私欲的表现。人需要做的不是征服自然，也不是征服别人，而是征服自己的私欲，然后与一切和谐共处。

人类社会里的一切斗争都是因为人们过度地以自我为中心，生活中的人际摩擦也是因为如此。人们总是想着要控制其他人，而不是想着如何帮助其他人，这就是缺乏慈悲心的一种表现。

人们依赖着自然，也依赖着其他人，在这种关系中虽然有制约，有影响，但这种影响也是互相的。当我们心念清净端正时，我们对他人和自然的影响就处于良性状态中。这就是为什么怀着自私自利想法的人，他们的人际关系和生活环境长期处于恶性状态。

对于日常生活里我们生起的情绪、心念和感受，我们不应该试图躲避它们，或者尽力把它们赶走。任何一种情绪、心念和感受的发生都不是无缘无故的，只有接纳了它们，才能看到我们内在心灵的真实需要。

现代人承受着恐惧、焦虑的袭击，这是因为人们对生活给予了太多的企图，却极少对生活付出爱与感恩。所以，不论人们企图在生活之中建造什么，最后都可能是一场空。如果你对某个人无限度地索取却从不感恩，从没有真正地喜欢过他，那么你觉得这种关系会长久吗？生活与人们的关系也是如此。

人们总是想要得很多，却什么都不愿付出。在面对自然时，人的自私心理体现得尤其明显！人们只是想着如何掠夺更多的资源，如何从自然那里得到真正对自己有益的东西。而人们却忘记了，我们原本就来自自然本身。我们像个不懂事的孩子一样，向母亲百般索取，直到她再也不能给予我们什么，我们便失去了对自然的耐性。如果不是因为自然灾难提醒着人类，那么人类的贪欲还不知要到何时才能反省。

人们生命的根，就扎在自然之中。假如我们一再对那些看似会带来危险、痛苦的事物抱以躲避的态度，那么我们的生命便会被局限在一个所谓的“安全区域”而无法继续伸展。就好比一个极度渴望被人爱，却又不肯付出爱的人一样，到头来只是深陷在苦恼之中。我们应该做的只是敞开心怀去接纳，至于所谓的危险、痛苦的感受，那都是未来的了，难道人们要因为未来尚不确定的感受，就放弃当下真实的生活吗?

人们总是认为，如果自己有了某物，如果自己换个工作，换个住处，甚至是换个伴侣，自己的生活就必然完美了。但是这除了反映出人的贪婪无度之外，便是愚痴昏昧了。其实每一个人的生命都是完美无缺的，因为人人皆有实现自我价值的可能性，由此来看，我们确实不应当把自己的人生局限在某几个人、事、物上。

当我们真正地安静下来时，就能发现内心涌起的大多数念头是毫无真实性可言的，不论是恐惧、焦灼，还是对某事的批判、对未来的怀疑，它们只不过是如同浪花一样，在脑海里涌起后又落下。但我们的愚痴之处就在于，紧紧地抓着这些念头不放，而且还因此给自己找了一堆烦恼。我们被自己的虚假思想折磨得气喘吁吁，更可悲的是，不明白这个道理的人还要把痛苦的责任推给别人。

每个人都有他的“自家宝藏”，而这宝藏就是慈悲、善良，以及对生活的洞察力。只是，我们长期被自己那些自私又狭隘的想法给束缚住了。我们要在现实人生里不断地发掘，才能使心灵之光再度亮起来。我们要明白生活里的每一件事，都可以成为擦拭心灵的契机。所以，不要小看每一个瞬间，它们的出现就是为了使我们能早日发掘出自心的宝藏。

不被自己的情绪支配，不被形形色色的外境支配，这样才是自由的人生。真正的自由不是说我们完全顺从自己的心意，什么事情都可以做，而是无论在何时、何地，都能保持着身心的平静、喜乐状态，而不会轻易地被搅扰。

2. 对自己没好处的往往更是一种成长

对于生活，我们总该保持着一颗天真的心。不妨想象一下，即便是面对着特别疼爱你的那个人，你无休无止地发脾气，乱要东西，却从不知道感恩，那么他最终也会离开你。但如果我们很容易知足，不论得到什么都将其视为生活的馈赠，记得经常对生活说声“感谢”，那么你会发现，你的生活比之前好了很多。

有人问：“禅门中有人为了求学而自断一条胳膊，但也有禅师劝人放下，这不是很矛盾的吗？”这有什么矛盾的呢？面对自己的理想，要有坚韧不拔的恒心和毅力；面对生活中的烦恼，就应该看破放下。虽然是截然相反的两种态度，却都是对我们现实人生的有益启发。

被问到最多的一个问题就是：“如何逃离生活给自己的束缚。”那么我很想反问一句：“是什么东西在阻碍你？是什么东西在束缚你？你逃脱的枷锁又在哪里？”你看，你自己都不知道如何回答。那么，你再想想，生活里的束缚难道真的是别人带给你的吗？一旦这个问题解决了，那么生活也就变得轻松了，你不再去抱怨谁束缚了你，而是想着如何自己解开心中的烦恼结，这便意味着你的身心真正成长起来了。

保持着天真的心，就是该做什么事情时，全神贯注地去完成，一心一意地体会这个过程就好，不会再生出与当下无关的念头。如果你观察够仔细那么你会发现，凡是这样的人，他们做事情都特别顺利，也更容易生出快乐的感受。其实，并非是他们突然就撞上了好运，而是他们没有被乱糟糟的念头牵扯了心力，自然就更容易把事情做好。

平息事情的最好办法是什么？就是让事情自然地生灭。当然，这并不是说在必要时也不能进行人为干预，而是不论是否进行干预，都不在内心生起波澜。心如果不乱，事情自然就能解决妥当。最怕的就是，一些人遇到芝麻大小的事情也要惶惶不安。如果你想明白了就能同意我的看法，在事情面前，任何情绪、任何抱怨、任何幻想都是多余的，只有解决事情才是最契合实际的。

保持天真的心，是要我们活得单纯些，纯粹些，而不是像个孩子一般遇到事情就四处求人帮忙。即便是年龄再小的孩子，他也总会有长大成熟起来的那天。但如果一个成年人，还像个孩子似的不肯自我承担，那么这就真是太可笑了。但现今社会里，缺乏自我承担勇气的人又何其之多，想想以往那些禅者对自己生命、对他人生命的承担精神，真是汗颜啊。

但有一分天真，就能有一分幽默，在命运的低谷里就不至于太过痛苦。身边最好的事例就是一个自己创业的年轻人，由于缺少经验而吃了大亏。别人都以为他必定一蹶不振，还对他投来同情的目光。但这个年轻人反而在被人问起失败的遭遇时，都能以乐观幽默的态度自嘲一番。后来，他找到了适合自己的事情，而聘用他的那个老板认为，心性幽默豁达的人，对待工作都不会太松懈散漫，同时也比较有生命的朝气。

人在做事时的最佳状态就是“心物合一”。也就是说，越是抱以单纯的目的来做事，越是做自己喜欢的、有兴趣的事，就越容易集中所有的心力。但为了生存，并不是每个人都能把兴趣作为职业，一旦所选职业不是自己感兴趣的，那就尝试着从中发现它的美。兴趣是可以培养的，与其抱怨工作不满意，要么就换个职业，要么就从工作里发现意义。除此之外，再没有第三个办法了。

生活中的很多事情只能去经历，去体会，而不能解释，因为一旦解释，就可能偏离了生活的真实面貌。但我们的心却总是要得到解释，比如有人赞叹清晨的牵牛花清新美丽，你应该做的是去感受牵牛花的清新美丽之处，而不是追问别人为何会有这种想法。你在追问解释时，就错过了欣赏生活、体验生命乐趣的机会，真是得不偿失啊！

对于某件工作，有人说很难完成，有人却觉得进行起来很轻松。如果你也想了解一下这份工作，可以尝试着去做一下，而不是四处问人“某个工作，到底难不难办啊”。同样的，你决定选择某种生活方式，那就去选择吧。如果已经下了决心却迟迟没有行动，反而到处征求别人的意见，这就与“直观生活”相距太远了。

现代社会，人与人之间的关系基本上是“只有对自己好的人，自己才亲近”，于是一些外表上看起来比较严肃冷漠的人，就被我们排除在亲近的名单之外了。这就是典型的“只看表象而不辨内里”。人生中许多的良师益友就是这样被我们自己给排除掉了。其实人们的愚钝又岂止是表现在人际关系上呢，有时面对看似“没有好处”的事，我们也是这个态度：对自己没好处的，不干——结果却错失掉了一个个自我成长、自我发展的机会。

有人请无德禅师写一个字，禅师便写了一个“忘”字。忘掉是非，便不再有恩怨；忘掉毁誉，就不再有负担。学不会忘记的人生非常沉重而且可怕，所以说，这一个字的禅法，实在是非常高妙。

3. 面对痛苦，最明智的不是忘记，而是当它们袭来时，能够安抚好它们

一天，禅院里的弟子刚刚将地上的落叶打扫干净，他问师父，自己的劳动成果如何。禅师看了看，使劲地摇晃那棵树，于是枯叶再次落了下来。在禅师看来，太完美的都不够真实。我们的生活需要的是真实，而不是完美。

我们往往对生活有个误解：在命运面前，我们是无能为力的，我们只能被动地接受生命里发生的一切。其实我们必须先接纳了生命里的一切，然后才能谈得上进行创造。想想看，如果生命里的所有经验都是完美无缺的，那我们还要创造什么呢？只是尽管享受就

好了。但生命的意义不就是在创造之中吗？

在现代社会，一般人的心态是尽量地享受人生，尽量地忘记人生中的烦恼痛苦。但是，烦恼痛苦是忘不了的，就好比我们的影子，随时都会出现在我们身边。所以，最明智的做法不是忘记烦恼痛苦，而是当它们袭来时，能够安抚好它们。

我们在生活里总是喜欢给自己设限：只要怎样，就一定会如何。只要得到了爱情，人生就一定幸福；只要有了财富，生活就必然有趣味。如果我们不做这种限定的话，我们的人生说不定还会活出其他的可能性。对人生的一切限定都是我们自己套上去的，要解开这个绳索，那自然也只能靠我们自己了。

在等待未来的过程中，我们的内心总是躁动不安的，这种等待的滋味不好受。禅教给我们：为什么要等呢？在未来还没有到来的时间里，我们还可以享受生活中的其他乐趣，或者从容安排自己的事情。为什么在等待的时间里会焦灼，会躁动？那是因为我们只是在等，而没有在生活。

人们最大的问题就在于喜欢预知明天的烦恼、明天的痛苦和纠葛。但是，明天会有什么样的烦恼，你能预料吗？既然不能，那就老老实实地活好今天就可以了。这就好比一则禅宗公案里的一个禅门弟子，他每天都在思考如何应对明天的烦恼，终于有一天，他的师父呵斥他："你总是想着明天的事，今天又用来做什么呢？"

由于缺少人生经验，我们总是想着及早地摆脱烦恼。可人生里的很多事情，并不是努力了就可以摆脱的，比如时刻都会出现的烦恼。但是，如果不努力，就肯定会被烦恼吞噬掉。禅门说的努力，就是要时刻留意情绪波动，注意到每一个心念的生灭、起伏。这也是调控情绪的能力，这种能力人人经过后天训练都可以拥有，而且它理应成为一种人生技术。

“自我是从内在认知自己，而不是外在。”如果我们对现实人生有一个清晰的观察，那么就会发现，事实确实如此！如果凭借外在的身份、地位等等来更深刻地认识一个人，那基本是不可能的。人与人的区分还是内在的，那种心怀善意，对生活有着独特感悟的人，往往是比除了追求金钱和享乐便一无是处的人更易受到尊敬。而我们最容易犯的错误便在于，不论对自己还是对他人，都忽略掉了内在，而关注极易变化的外在。

“孤独感”，从另一个角度讲也是“适合自我成长的独处时光”；你整日烦恼的人际关系，对禅者来说却是“找到自身毛病的镜子”；你认为毫无乐趣可言的生活，从禅者的角度来看却是“每一天都是新鲜活泼的”。所以，当你抱怨人生时，为什么不想想，到底是人生出了差错，还是自己的心念出了差错?

因为我们不能把调控情绪、改变生活这些愿望让别人来代替我们去实现，因此，我们“要以自己为明灯”；因为生活里不仅有阳光花香，也有风霜雷电，它不仅让我们有欢笑，同时也让我们得到磨砺，从这个意义上说，生活确实是位慈爱又严厉的导师。你看，人生的明灯和导师，都不是别人呢，一个是我们自己，一个是我们自己的生活。

有一位手艺精湛的木匠，他奉主人之命建造一座房屋，但因为还乡心切，所以这座房子他并没有用心。但没想到的是，主人说他是自己见过的技术最好的木匠，所以这座房屋要送给他。这下，木匠可傻眼了。如果他知道这将成为自己的住处，他一定会加倍用心来建造的。有时候，我们以为自己草草应对的是别人，其实到了最后会发现，我们欺骗的是自己。

有位禅者说："喝完了茶，放下了茶杯，就要有与爱人分别的心情。"实际上，这是一种隐喻的说法：当我们完成了某件事，就不要再为此而纠缠了，事情完成的那刻，就要意识到我们与它已经分开了，就不要再让已经过去的事物再去扰乱以后的心情了。

有人问："做事之后如何才能不后悔？"我觉得，这要看你是否真的用心去做这件事了。只要自己用心做了分内的事情，那就带着欢喜心面对即将发生的一切吧。不论结果如何，至少你没有愧对自己；没有愧对自己，便自然不会后悔！

松云禅师一生都精进修行，但仍会被人诋毁。在这个世间，只要有人的地方，就有是非、对错的评断，但真正有智慧的人，却不会因为别人的流言蜚语而满心怨恨，反而把这些视作对自己的考验。

唐代有个年轻的翰林叫裴文德，他曾到寺院来苦行，以此磨炼心志，但苦行没几日，便不耐烦了。最后他偶然听到无德禅师吟诵的诗句而放下了娇气与骄气，可知，"人外有人"这句话并非虚言，而裴文德正是有了与无德禅师的奇遇，才转变了心态，最终有了一个比较完满的人生。

4. 只随我心，切实感受自己活着的价值

对于大多数人来说，“舒适的人生”比“真正有价值、有意义的人生”更具有吸引力。因为“舒适”意味着不必付出太多，同时这也是一种对挫折的恐惧、对失败的逃避。而“有价值、有意义”就要付出相当多的代价，这可不是任何人都能承担的。于是，我们便不难理解，为何有些人年纪轻轻就已经失去了生命的活力，又为何有些人即便曾经双手空空，到最后却能站在事业的巅峰。

我很奇怪的是，在日常生活里遇到烦恼的人总是想着去一个别的什么地方去寻找净土、天堂，却从不曾想过把眼下的生活变得令人舒心。你们看那真正的禅者，不论是在沉闷的职场工作中，还是在辛苦的家务劳动里，他们都觉得是身处净土之中。因为他们的内心清明自在，充满欢喜，因此也就无所谓外部环境如何了。

本来，人无论在什么地方都是一样的，都可以过上幸福快乐的生活。但人们头脑里的地域差别观念却起了坏作用。为了发展，人们都蜂拥一般去了大城市发展，其结果很可能就是因为自己无法适应快节奏的生活而懊恼不已。所以，人要选择的不是“看起来有发展前景的地方”或者“别人都说不错的地方”，而应该选择自己真正适合生活的地方。你的心灵美好充实了，即便在很一般的地方居住生活，也必然能活出自己的价值。

鼎州禅师与弟子在寺院里走路，一阵风过，树叶纷纷落下。鼎州禅师就弯腰去捡落叶，他说，落叶就好比我们的烦恼，只有时刻

都留意到，才能及时清理；只有清理得及时，身心才能保持清净平和。生活是如此琐碎，一不留神，我们就会被烦恼缠住。与其等到烦恼越积越多，还是每时每刻就扫清烦恼来得更好！

人应当从自己的世界里走出来，站在自己的世界之外来观察、审视自己的生活和心念，才能发现自己身上存在的问题。但问题就是，很多人不愿从自己的世界里走出来，他们被自己的观念、习气、烦恼、言行束缚着，这些绳索让他们根本无法诚实地面对自己，所以也就谈不上让自己有更多的成长。想要从自己的世界里跳出来，就学着把自己当成别人，把自己放在旁人的位置来观察自己生活里的问题。视角转变后，你看到的自己的问题就清晰多了。

在禅宗公案中经常能看到一个关于“如何是自己”的问题。这个问题的答案也不是一成不变的，但不论如何回答，最终的落脚点都不外乎是对自己的本质有所洞见。你的本质是什么？就是你有别于他人的独特之处。这个独特之处，需要我们自己来思考、体验，因为只有这样，我们才能切实地感受到自己活在世间的价值。

昙照禅师在开示别人时经常说：“人生要快乐些啊！”但在生病时他却说：“人生，真是痛苦啊！”旁人问他其中的因由。昙照禅师说，人生总会有苦有乐，在生活最苦时，别忘记快乐的那面；在人生快乐时也不要忘记，还有苦的日子随时等着自己呢。如果一直沉浸在快乐中，就难免乐极生悲；但如果一味地说人生是苦，就难免让人失去生活下去的勇气。所以，我们应该在苦乐参半中来体验生活。

某个原本事业有成的人突然就要舍弃自己的财富和事业，说是追求简单的生活，实际上，是否真的“简单”乃是在心灵，而不是外在的生活方式。心若简单明净，不论是身处高位，还是承担着重要工作，都能从容生活。像那种抛弃现实生活，要去寻求简单的人生的人，其实正说明他内心浮躁，即便他真的是在山林里居住，也一样会疲累不堪。

日本的亲鸾上人年仅九岁时就剃度出家，他说，自己年幼无知，不知能否坚持求道的决心，而且剃度的师父年事已高，也不知能否继续活下去，所以，还是珍惜现在吧。人若是决定了自己要做的事情，无论如何都会坚持下去的，更不要说惜时如金了。而人若是不想做事，那必然会找出各种理由来搪塞的。可只有那些真正遵从自己想法，又珍惜当下的人，他们成了他们自己，活出了自己的价值。

有个盲人从朋友那里赶路回家时已经天黑了，他就请朋友给他一个灯笼，说是这样的话其他路人就不会撞到他了。但不幸的是，这个盲人还是被人撞了个跟头。撞人者说：“灯笼的光太微弱了，实在看不清啊。”但禅宗却认为，是撞人者自己心灯灭了，所以眼睛才看不清道路。比如在现代社会里，人们满脑子胡思乱想，根本看不清自己的人生方向，盲目地四处乱撞。

在禅门诸位大师中，赵州是一位非常风趣的人物，他敢说自己是天下人的老师；有人请他说法，他偏要念经；有人请他诵经，他却又沉默冥想。他并不是喜欢故意与人唱反调，而是要用实际行为告诉大家，真正的禅者，就要做到跟随本心行事。

5. 别信赖别人，即便是你的影子，也会在黑暗中离开你

日常生活里，我们经常以好坏、对错等观念来评价事物，但它们不过是一种惯常的观念，而人生具有无限多种可能，我们不应该用这些惯常的观念让自己的人生变得紧绷。尽量地放下它们，我们会体验出一种生命的开阔感。

我们平时所说的认同感其实很狭窄，因为我们只是认同与自己观点相近的说法。禅认为，只有打开心，让各种不同的思想涌进来，我们才会有更全面地了解这个世界的可能。因此，对于那些思想、意见与我们不一样的人，我们应该说声“谢谢”，但是，也不要轻易地就被他人左右了自己的想法。可以多听听别人的见解，也应当包容别人的思想，但生活是自己的，应当自己决定的事情，还是应该遵从自己的心。

有个人穿了一双破旧的鞋子走远路，一路上非常辛苦，他就说：“应当把全世界的砂石都给清扫干净，这样走路就不辛苦了！”一个禅者听后笑了，“你又如何能把全世界的道路都清扫干净呢？倒不如换一双合脚又舒适的鞋子更实际些。”我们每天都几乎是宣誓一般地说，要帮助别人过上更幸福的生活，但我们自己的生活却过得一塌糊涂。谁都没有能力把全世界的道路清理干净，但他如果能够把自己眼前的路走好，便是成功的了。

要使内心生起和平安宁，就要先控制自己的情绪，而不是要全

世界都闭上嘴巴；要过上不紧绷的人生，就要学会放下对万事、万物的控制欲望。人生应该是一股清流，从容而自在，如果有谁想违背自然规律，强行改变河道，那么他不过是白费心力罢了。

人千万不能有依赖的心理，当依赖成为习惯，进而演变成惰性，那么你的人生就完全被外界操控了。面对困难时，你依赖别人的帮助；日常生活里，你依赖他人的赞美。禅宗说过，每个人都是他自己命运的主人。但是禅宗也说过，如果不能意识到自我的独立性，人就会沦为命运的奴仆。

千万不要想着我们能够彻底地、永远地消除烦恼。我们所能做的就是在烦恼产生的时候，找到行之有效的对治方法。根本不想有烦恼，就是最大的烦恼。

当稻穗成熟时，头自然就会低下。当我们的内心悠闲安然时，生活自然不会过得紧绷。

不要总是把“热爱生活”当成一句口号来喊，我们要先搞清楚，我们热爱的是眼前真实的生活，还是自己臆想出来的“生活”。

不勉强自己去做不喜欢的事情，也不勉强别人去做不喜欢的事情，这是一个有智慧的人最起码的操守。我们也不必告诉别人，什么是善的，什么是恶的，因为每个人对同样的事物自有不同的评断。我们只要做好自己生活的主人就可以了，又何必对着别人的生活指指点点呢？

在这个以工作价值为导向的社会里，人们最关注的往往是某工作薪水高、某公司发展前景远大、某个职位最是热门抢手。但工作的主体难道不应该是你自己吗？那么，你在工作中的感觉是怎样的呢？只留意工作，却不关注自己的感受，你觉得这样去工作，你会有成就感吗？

如果某一天，你愿意将自己遇到的每一种事物都无条件地包容下来，将自己曾经无法接受的事情接受下来，遇到不喜欢的人和事也并不是特别抗拒了，那么你会发现，现在的这种生命状态才是最没有压力的。但是，在这之前你要放下很多，比如自己的成见、自己的偏执，甚至是曾有过的生命经验。这个过程，就是把生命“空”出来，倒掉多余的，才能盛放进来新鲜的。

要医治负面情绪，有一个方法非常奏效，那就是不要经常性地谈论自己的负面情绪。比如你今天被某人的言行伤害到了，可千万不要逢人就倾吐你的情绪，这样只能助长负面情绪，甚至会让它成为你生命里无法切除的“毒瘤”。正确的方法应该是说：“啊，真得谢谢那个人啊，是他让我看到了自己的不足。”这并非是自欺欺人，而是通过自己的言行来暗示自己：确实应该谢谢他，是他让我看到，原来自己是如此脆弱，被人说了几句就会难过生气。

当人们大谈特谈自由时，往往是自己最不自由的时候。你们有谁见过真正实践自己理想的人向别人喋喋不休地谈论自己的理想呢？人们越是渴求什么，缺少什么，就越是会谈论什么。但最后的结果是，人们依然还是处在“缺少什么”的状态中，因为他如果能实现的话，就不会只是耍耍嘴皮子了。

有个人对禅师说：“我很痛苦，我该如何从无休止的厮杀中解脱出来？”禅师说：“那就停止厮杀。”我觉得，这个禅理同样也适合于那些想从紧绷的生活中走出来的人：没人能捆绑你的生活，而你，只需要从紧绷的心理状态中走出来，这就可以了。

在禅宗故事里，经常以“摩尼宝珠”来比喻人们的清净心性。但是，我们总是盲目地追求外在的物质，所以，当我们不清楚自己的生活状态时，只需瞧瞧自己的内心世界是不是真正的平和、安宁，你就会知道自己是贫穷还是富有。

6. 保持耐性，所有事情在变得容易之前都是困难的

外面的贼好捉，心中的贼难防。因为我们的目光总是放在外部世界的时候多，但对于自心上的问题却极少关注。我们把钞票、珠宝、古玩锁在保险箱里，以此来防盗防贼。我们对外来之贼如此防范，但为何却对内心的烦恼贼一再宽纵？这就是所谓的“心贼难防”。到底还是因为我们更看重财物，而不是看重心灵，这真是悲哀。

古时候有师兄弟两人四处参访，但师弟因不堪路途艰险而几次三番想要放弃，师兄却说：“路上能代劳的事，我必然代劳，但走路参访这件事，却只能靠着你自己。”人们总想着有不劳而获的成就，可是如果一个人，不论大事小情都需要别人替他做，那么他的存在又有何意义呢？

当我们意识到光焰时，就会被它灼伤；当我们意识到自己做了某件好事时，就会因此背上心理的重负；当我们意识到占有财富、拥有名利是一件多么值得兴奋的事，我们就会被财富名利拖累。其实，有错的并不是这些事物，而是我们那僵硬而执着的心。是执着和自我意识给我们带来了诸多困扰和不停息的伤害。

古时候有个参禅的人，他经常东奔西跑地参访，“什么是心？什么是我？什么是悟性？”诸如此类问题长期困扰着他。一个禅师满怀慈悲地说：“好可惜啊！当他到处问这些问题时，他已经距离自己很远了。”这就仿佛我们身边的一些人，他们到处在问：“如何事业有所成就？如何经营好生活？如何能活得更幸福？”他们总是希望得到别人的解答却从不肯自己动脑去思考，这和故事里那个整日参访却不肯自己领悟生命真谛的人一样，太浪费生命了！

洞山禅师四处参访时遇到一个所谓的参禅者，他对着围观人群口若悬河地讲自己的参禅体验，引得旁人交口称赞，而禅师却一声叹气就走开了。其实在现代社会里也不乏这种人，他们往往是空谈主义者，他们不觉得在空谈中浪费生命是件可惜的事，只怕没有听众为他们鼓掌喝彩。

我们要做的就是专心地去生活，把心放在现实人生的每一个瞬间，而不要把精力用在高谈阔论上，用在琐碎事物的纠葛上。生活不在别的什么地方，它就在我们办公的时候，整理家务的时候和进行户外劳动的时候。这些真切而实在的生活我们尚且没有很好地去体验，又为何要浪费口舌去谈论自己根本不曾有过的体验呢？

如果一个人只知道强调自尊，那么就会渐渐变得目中无人；但如果一个人只是一味地居于人后，久而久之就会失去前进的动力。人格中的进与退并不矛盾，这要看在生活中遇到的具体情况。

在现代社会里，人们愈发地活得如梦境中一般颠倒了。我们追求最高速的效率，却忘记了生命中很多事情急不得；我们往往强调自己的需求，却从不曾考虑过别人的感受；我们每个人都说爱惜生命，但真正对生命潜能有所提升的事情，我们又不肯花时间去做；我们追求事业上的成就，渴望幸福的家庭生活，但又不愿为这一切而付出努力。想得多，做得少，这种颠倒梦幻的生活才最磨人。

一个人最好是既能承担自己的事，也能在适当的时候去请教别人，不要错过时机。应当自己做的，就不要麻烦别人，应当请教别人时，就不要畏畏缩缩地不好意思。

挫折和困难并不是我们人生的障碍，相反，它们还是从受限的人生中走出来的助动力之一。所以，在被挫折、困难找上门的时候，倒不必焦急，恐惧，慌乱，不如对它们说声“好久不见”，然后再去做自己分内的事，你可以自己看看，到底会出现怎样的转机。这个过程很神奇。

如果我们在整理报告，那就专心地去整理；如果在修理家用电器，那就全神贯注地修理；如果是在和朋友谈心，那就面带微笑，仔细地倾听。但如果我们在做着某件事，同时又在想“怎么就应该我去整理这些数据呢”“为什么不是其他人修理这个电器呢”“我和这么蠢的人聊天，真是没意思”这些乱纷纷的念头，就会让我们与当下的生活隔离开来。这就是为什么，有些人明明一整天都在做事，却觉得自己这一天都过得没意义。

他人要我欢喜，说几句好话，我就心花怒放；他人要我烦恼，讲几句坏话，我便暴跳如雷。别人完全掌握了我，我连自身的情绪都无法自主，这全是因为自己的内心不够安定啊。

法远禅师年轻时受过许多苦，曾在大雪天被冻僵在野外，也曾顶着烈日四处奔走，但他后来在禅学上非常有成就。可见，人这一生的得力之处，就在善于忍耐，尤其是在人生的低落处，安知不会迎来更好的明天？

7. 整理内心秩序，做好接纳不幸的准备

为了获得幸福，我们必须先做好接纳不幸的准备；为了过得自由，我们必须先考虑身心被束缚时的滋味。只有对烦恼有所承担，心才能够安静下来。当我们不去和自己对抗，心灵就会轻松鲜活，强大无比。

一般来说，人们认为生活是一种挣扎，而挣扎的结果要么是“一切都完蛋了”，要么就是“这样不错”。全盘的否定、完全的肯定，都不是契合禅意的生活方式。禅的生活方式，是肯定之中有否定的。比如，每个人的生活方式都有其独特的价值，但并不是说把自己封闭在自己的生活方式里，从而忽略了外面的世界。

同样是奋斗和挣扎，有人从中感受到的是生命的力量以及创造

生活的快乐，有人感受到的却只有痛苦、失败、挫折等灰色经验。那些感受到生命力量和创造性快乐的人，就一定没有受挫的时候吗？当然不可能！只是他们选择把目光放在肯定、积极、正向的事物上，选择让自己的心情保持在从容、喜悦上。

如果你自己选择郁闷、惆怅、痛苦，那么谁也无法拯救你，即便你锦衣玉食，生活美满，也依然觉得人生无聊。所以，人生真的不是生来就无聊，而是被无聊的人过成了一副半死不活的样子。他们把生活视作痛苦的根源，其实是他们自己心内的毒草尚未拔去而已。

我们每个人都有机会体验到“突破性”的生命感受。举一个最常见的事例：当你带着感情地完成了一天的工作，终于看到了自己期望中的成果，那时候你身心上再多的疲累也会瞬间消失。这就是一种突破性的感受，平常到我们几乎可以忽略掉了。虽然这并不是最强烈的突破性感受，但它依然让我们感觉活得有价值，有意义。所以说，这就是为何那些带着情感去生活、工作的人，更容易发现人生中的喜悦。

人的身心柔软之后，那是一种怎样的体验呢？你可以这样想：当你见到了自己钟爱的人，你的心都被温柔笼罩着；当你得到了自己中意许久的某件艺术品，你把它捧在手里都特别轻柔。对待生活，就应该用这样的心。虽然生活把我们摔摔打打，直到鼻青脸肿，但这并不是生活的本意。生活需要我们用柔软的心来对待，同时，我们也要用柔软的心来对待自己。

我们碰到生命本身的问题，不能只是被动地接受。当问题出现时，任何遮遮掩掩的念头和行为都将导致问题重复出现。这就好比身体的某处出现肿瘤，如果只是服用药物止痛，那么一旦停止服用，病痛就又出现了。最干脆的方法就是切除掉它。我们生命本身存在的问题，也应如此对待。

当我们遭受挫折、打击时，首先要做的倒不是如何建立起乐观精神，而是不去指责他人、指责自己。受挫时，人们最先做的就是混乱指责，在指责中发泄自己的不满。但当他冷静下来之后就会发现，这种无端指责除了给他人带来心灵伤害，给自己增添心理压力之外，什么作用都起不到。所以你看，做一个心境从容、柔软的人，是多么重要。

我们总是在心底信誓旦旦地说要清除生活里的障碍，要排除万难迈向目标。可是，当真的面对问题时，我们要么是绕道而行，要么是以压抑、忽略的方式去看待。这两种心态都很容易把我们带到更为可怕的境地：身处险境而不自知。我们就好比温水中的青蛙，身在险境却被久已养成的无视险境的心态给毁了生活。

通常来说，我们在享受安逸生活时很少想到如何保持柔性的身心。只有当我们遇到了重大的失败、经济上的问题、某种很痛苦的疾病、亲人的突然离世等问题时，我们才想起要如何与这些痛苦和平相处，如何保持内心的柔软。其实这是因为我们不得不面对这些痛苦和问题，如果没有过这种经历，我们依然还是沉溺在享乐之中而空虚度日。适当地经历痛苦，这对身心的磨炼是有益处的。

内心的秩序比外界的秩序更难以维持。毕竟内心的秩序无人可以看到，也就无人能够监管。唯有内心世界有了秩序，外部世界才能秩序井然。一个内心杂乱、整日昏昏沉沉的人，他的生活不可能清楚明白。他没有目的性地生活着，稍一遇到风浪就畏缩不前，如果有人告诉他，要用清楚明白的心来生活，恐怕他还不以为然呢。

有些人对他人的帮助、关怀，并不是出于真正的慈悲或者善意，而是从对他人的关怀中找到自我存在的安全感。虽然这种人也在行善，也在做好事，但他们的内心是缺少力量的，他们依然很难从善意中体会到快乐。内心的快乐感受，必然是一个心灵充满力量的人才能感受得到的。这种快乐，不具有依赖性，却具有传染性。

根植于我们内心的局限性的东西，比如恐惧、焦虑、愤怒、困惑等，这些都不是不可清除掉的。要清除掉它们，不是说要强行忘记，或者压抑着它们，不使它们产生，而是应该多多地感受生命，不论是悲、是喜，我们都要去感受。通过这种感受，我们会明白，再不幸的人生也会有甜蜜的片刻，再光明的生活中也能看到阴影。但如果因此就全盘否定生命，那真是太愚痴了。

元琏禅师早年追随首山禅师修学时曾说："我从此再也不会怀疑禅师您说的道理了，但是，我也有自己的舌头，我愿讲出自己的体悟来。"首山禅师很高兴："好啊，这说明你再也不会被他人的言行影响了。"一句"我也有舌头"，就表明他已经认识了自己。只有认识到自己，才能真正地坚持自己。